BIG QUESTIONS

천체 사진으로 보는 우주

천체

로드리 에번스 지음 김충섭 · 김다현 옮김

지브레인

CONTENTS

머리말

스티브 영, 〈오늘의 천문학 Astronomy Now〉 편집자

위 우주에서 보는 녹색의 오로라. 나사(NASA)의 우주비행사 스콧 켈리(Scott Kelly)가 국제 우주 정거장에서 2015년 10월 7일에 촬영했다.

최초의 인간들이 밤하늘을 응시한 이래로 우리는 하늘의 아름다움에 매료되어왔다. 초기 문명들은 별들이 만곡을 이루는 태피스트리(역자 주: 여러 가지 색실로 그림을 짜 넣은 직물이나 그런 직물을 제작하는 기술)를 이해하려고 발버둥쳐왔다. 이 현란한 빛의 핀 포인트들로 그려진 패턴들에는 이름이 지어졌고, 신화와 전설은 그들이 본 것을 기반으로 하고 있다.

초기 천문학자들은 후손들이 언젠가는 렌즈와 거울을 만들어서 그들 눈에 보이던 별들 너머를 바라보고, 우주의 깊숙한 곳을 보게 될 것이라고 전혀 예상하지 못했다. 하물며 후손들이 달에 발자국을 남기고, 우리 태양 주위를 공전하는 행성이라고 알고 있는 떠돌아다니는 별(행성)들의 탐사 기계를 만들 것이라고는 더더욱 생각하지 못했으며, 우리 태양은 하늘에 보이는 무수히 많은 별들 중 하나에 불과할 뿐이라는 것도 알지 못했다.

수세기에 걸쳐 별들과 행성들의 본질에 관한 이론들이 등장하고 사라졌다. 이 천체들의 움직임을 이해하는 것은 지구 위에서 바다를 항해하는 데 중요해졌고 거기에 무엇이 있는지에 대한 우리의 호기심은 우주를 한층 더 자세히 들여다보도록 탐구하게 했다.

1800년대에 등장한 사진술은 우주를 향한 새로운 창을 열었다. 사진 필름을 장시간 노출시키면 인간의 눈으로 보는 것보다 더 많은 광자를 포집할 수 있어서, 그전에는 결코 볼 수 없었던 성운들과 멀리 있는 은하들을 관찰하게 해준다. 디지털 시대의 도래는 전례 없이 세밀한 우리의 눈을 열었다. 필름보다 훨씬 더 민감한 촬상 칩들이 우주 탐사선을 타고 우리 태양계 저 멀리까지 도달하고 있다. 이들은 허블우주망원경과 같은 관측소 위에서, 우리 행성 위의 높은 궤도를 돌면서 대기에 의해 왜곡되지 않는 화상을 제공하고 있다.

《빅 퀘스천 천체》는 로드리 에번스 Rhodri Evans 박사가 로봇 우주 탐사기와 지상 망원경을 통해 수집한 최고의 천문학 이미지와 우주의 아름다움 이면에 숨어 있는 과학을 설명하고 있다. 우주의 보물을 감상하고자 하는 사람들에게는 살아 있는 것보다 더 좋은 시간은 결코 없을 것이다.

망 원 경

앵글로 오스트레일리아 망원경(AAT)　　　1974년 완공된 3.9m의 AAT는 오스트레일리아의 뉴 사우스 웨일스의 사이딩 스프링 천문대에 있다. 영국과 오스트레일리아가 협동으로 제작했고, 2010년 이후로는 오스트레일리아가 독점적으로 운영해왔다. 1976년에 블랑코 망원경이 만들어지기 전까지는 남반구에서 가장 큰 망원경이었다. 사이딩 스프링 천문대는 비교적 낮은 고도인 1,100m에 놓여 있으나, 멀리 떨어진 위치 덕분에 세계에서 가장 어두운 하늘을 볼 수 있다는 장점이 있다. AAT는 망원경으로 얻은 데이터를 기반으로 한 연구 결과 중, 가장 과학적 생산성이 높은 망원경 5순위에 기록되어 있다.

아레시보 천문대(Arecibo)　　　세계에서 가장 큰 전파 망원경으로, 푸에르토리코의 아레시보에 위치한 사화산의 크레이터 속에 건설되었다. 아레시보의 단일 접시 모양의 반사기는 직경이 305m이며, 반사기 위쪽에는 전파를 감지하고 측정할 수 있는 도구가 장착되어 있다. 장비의 덮개는 움직일 수가 있어서 지역 자오선을 통과할 때 다른 천체를 관측할 수 있다. 1963년에 완성되었으며, 300MHz에서 10GHz(파장으로는 3cm에서 1m에 해당) 주파수에서 작동한다.

아타카마 대형 밀리미터 집합체(ALMA)　　　아타카마 대형 밀리미터 집합체는 5,000m 고도의 북부 칠레 아타카마 사막의 차즈난토르(Chajnantor) 고원에 있다. ALMA는 이 정도 고도에서는 예외적으로 건조한 공기를 활용하여 밀리미터 파장(해발에 도달하지 않는 방사선)을 관측한다. ALMA 운영 국가는 미국, 유럽남방천문대 국가(벨기에, 독일, 프랑스, 네덜란드, 스웨덴, 덴마크, 스위스, 이탈리아, 포르투갈, 영국, 핀란드, 스페인, 체코, 오스트리아, 폴란드), 캐나다, 칠레, 일본이다. ALMA는 2011년에 처음 작동되었으며, 완성 당시 66개의 12m와 7m의 밀리미터파 반사기가 장착되었다.

블랑코 망원경(Blanco)　　　칠레의 세로토로로 범미주천문대(CTIO)의 고도 2,207m에 있는 4m의 망원경이다. 푸에르토리코의 천문학자인 빅터 마누엘 블랑코(Victor Manuel Blanco)에서 이름을 따왔으며, 1976년부터 작동을 시작했다. 완공 당시부터 1998년 동안, 유럽 남방 천문대의 VLT의 등장 이전까지, 블랑코는 남반구에서 가장 큰 망원경이었다. CTIO는 미국의 지상기반 국립천문관측소인 국립광학천문대(NOAO)가 운영한다. NOAO는 CTIO 외에도 아리조나의 키트피크 국립천문대, 하와이의 마우나케아 산위와 칠레 세로 파촌에 있는 두 대의 8m 제미니 망원경을 운영하고 있다.

캐나다-프랑스-하와이 망원경(CFHT)　　　CFHT는 3.6m의 가시광선과 적외선 망원경이다. 하와이 대학과 캐나다 국립과학원(NRC), 프랑스 과학연구센터(CNRS)에서 합동으로 운영하다 한국, 중국, 타이완, 브라질에서도 기여한 바 있다. CFHT는 1979년부터 작동했으며, 하와이의 마우나케아의 4,204m 해발고도에 있다.

찬드라 X-선 관측소　　　NASA의 위대한 관측소 중 하나인 찬드라는 1999년 7월 콜롬비아 우주선에 탑승했다. 인도 출신의 이론 천체물리학자인 수브라마니안 찬드라세카르의 이름에서 따왔으며, 1.2m의 망원경으로 12.4nm와 124nm 사이의 X-선 파장에 최적화되었다. 찬드라는 지구 주위의 고타원 궤도에 있으며, 130,000km부터 굉장히 낮은 14,000 km까지 다양한 고도를 가지고 있다. 수명이 5년으로 설계되었으나 찬드라는 여전히 작동 중이다.

허셜우주망원경　　　3.5m 구경의 접시를 가진 허셜우주망원경은 적외선 망원경이다. 우주로 보내진 망원경 중 가장 크다. 유럽우주국(ESA)가 개발하였으며, 2009년 5월 발사되어 라그랑주-2(용어집 참고) 궤도에 놓여 지구로부터 150만 km 떨어져 있

다. 허셜은 55미크론과 672미크론 파장 사이의 적외선에서 작동한다. 1800년에 적외선을 발견한 윌리엄 허셜의 이름에서 따왔다. 2013년 4월 액체 헬륨 냉각제가 다 떨어졌을 때 중단되었다.

허블우주망원경　　　1990년 4월 애틀랜티스 우주왕복선이 지구 궤도에 올려놓은 가장 유명한 망원경이다. 에드윈 허블의 이름에서 따왔으며, 2.4m 구경을 가지고 있고 스펙트럼에서 가시광선, 자외선, 근적외선에서 작동한다. 허블우주망원경은 지구 대기의 블러링 효과가 작용하는 구간 위인 540km 고도에서 돌고 있다. 첫 사진 촬영이 있은 후에, 허블의 주경이 제대로 형상을 잡지 못한다는 사실이 발견되어 1993년 인데버 우주왕복선에 오른 천문학자가 광학 패키지를 설치하여 문제를 바로 잡았다. 초기에 설치되었던 다섯 개의 과학 장비들이 주기적으로 교체되면서 최첨단 기술을 유지하도록 노력하고 있다. 허블우주망원경은 콤프턴감마선관측위성, 찬드라 X-선 관측소, 스피처 우주망원경과 함께 NASA의 최고 관측기구로 꼽힌다.

제임스 클러크 맥스웰 망원경(JCMT)　　　JCMT는 스코틀랜드 이론물리학자인 제임스 클락 맥스웰의 이름에서 따왔다. 제임스는 전자기 방정식을 도출하여, 빛이 (우리가 현재 전자기파 스펙트럼이라 칭하는) 더 큰 현상의 한 부분에 지나지 않는다는 것을 증명했다. JCMT는 하와이 마우나케아의 고도 4,902m에 있으며, 서브밀리터와 밀리미터파에서 작동하도록 설계된 15m 구경의 접시를 가지고 있다. 망원경 상부의 공기가 특정 정도로 건조해지면 열리는 450~850미크론 사이의 대기창에서 효과적이다. JCMT는 1987년 작동하기 시작했고 2015년 2월까지는 영국, 캐나다, 네덜란드가, 2015년 3월 이후로는 중국, 한국, 일본, 대만 등 동아시아 관측소에서 후원하고 있다.

켁(Keck) 망원경　　　두 개의 켁 망원경(I과 II)는 하와이의 마우나케어의 고도 4,145m에 위치했다. 캘리포니아 대학과 캘리포니아 공과대학(Caltech)이 공동 운영하는 켁 망원경은 가시광선과 근적외선을 관측한다. 10m 직경의 반사경은 36개의 육각 모양으로 이루어졌다. 켁 I은 1993년 3월, 켁 II는 1996년 1월에 작동이 시작되었으며 현재 지구에서 가장 크게 가동되는 가시/근적외선 망원경이다. 그러나 이 선구적이었던 조립 반사경은 2020년에 새로 만들어질 30m 망원경 세대에 자리를 뺏기게 될 예정이다.

막스 플랑크 게젤샤프트 망원경(Max Planck Gesellschaft Telescope, MPG)　　　MPG는 2.2m 망원경으로 칠레의 라 실라 천문대에 있으며 유럽 남방 천문대가 운영하고 있다. 막스 플랑크 협회(막스 플랑크 게젤샤프트)에서 후원하여 1984년 완공되었다. ESO가 대여하여 사용했으나 2013년 10월 막스 플랑크 천문학 연구소(MPIA)로 돌아왔다. MPIA, 막스 플랑크 천체물리학 연구소(MPE)와 MPIA가 망원경을 공유하지만 ESO가 운영과 관리에 책임을 지고 있다. 현재 MPG는 다음 세 대의 기기를 보유하고 있다. 보름달처럼 큰 시야를 가진 67만 픽셀 광대역 화상기, 감마선 폭발을 감지하는 카메라, 별의 세부 연구를 가능하게 하는 고해상도 분광기가 해당된다.

윌슨산 천문대 100인치 망원경　　　윌슨산 천문대(MWO)의 허블망원경 옆에 있는 100인치 망원경은 가장 유명한 망원경 중 하나이다. 1917년에 완공되었으며, 1948년까지는 세계에서 가장 큰 가시광선 망원경이었다. 1920년대에 에드윈 허블이 사용하여, "우리 은하는 우주 전체가 아니며, 우주는 팽창한다"는 것을 밝혔다. 성 가브리엘 산맥부터 LA의 동쪽까지 이어진 윌슨 산에 있으며, MWO의 고도는 1,740m이다. 1940년대까지 세계 초유의 천문대였으나, LA의 광공해 현상의 증가로 인해 심우주를 관측하기에 효과적이지 않았다. 그러나 MWO 상부는 예외적으로

안정적인 대기로 이뤄져 있어 여전히 사용중이며, 주로 적응광학 시스템 개발에 이용된다.

팔로마 48인치 슈미트 망원경　1948년 200인치 팔로마 산 망원경을 보완했다. 슈미트 망원경은 슈미트 보정판을 사용하여 천체 관측에 있어 이상적인, 극도의 광시야 관측이 가능하게 했다. 1949년에 시작되어, 팔로마 관측소에서부터 캘리포니아 남부의 산디애고 동쪽 부분까지 우주 전체를 사진측량했다. 이는 팔로마천문대천성도(POSS)로 알려져 있으며, 2,000개에 달하는 사진 건판으로 구성되어 있다. 1958년 측량이 완성되면서, 청감성과 적감성 사진 건판 두 개를 사용했다. 1980년과 90년대에 2차 측량인 POSS-II가 진행되어 청색, 붉은색, 적외선 파장에서의 더 많은 감성 사진을 사용했다. 이후 망원경이 CCD(charge coupled devices) 방식을 사용하게 되면서 12개의 CCD가 모여 48인치의 거대한 시야를 갖고 있다.

스피처 우주망원경　2003년 8월 발사된 스피처는 0.85m의 반사경이 있는 적외선 망원경이다. 3.6과 100미크론 파장 사이에서 작동하며, 반사경과 도구들은 초기단계에 액체 헬륨을 사용하여 5.5캘빈까지 온도를 낮춰 망원경이 좀 더 민감해지도록 만들었다. 2009년에 액체 헬륨 공급은 끝났지만, 스피처는 가장 짧은 파장 카메라를 사용하며 계속 작동 중이다. 스피처는 지구 주변 궤도에 있지 않고, 지구의 궤도를 따라 도는 궤도인 태양 주변을 돌고 있어 천천히 지구에서 떨어져 나가고 있다. 우주 시대가 도래하기 이전인 1940년대부터 우주에서 망원경을 사용하자고 최초로 제안한 천문학자인 라이먼 스피처의 이름에서 따왔다. 스피처는 NASA의 위대한 망원경 중 가장 마지막에 출발했다.

스바루 망원경　8.2m 가시광선 및 적외선 망원경으로 일본국립천문대가 운영하여 하와이 마우나케아 정상인 고도 4,139에 위치했다. 스바루는 1998년 처음으로 작동했다. 플레이아데스 산개 성단의 일본어식 표현이다.

극대배열 전파망원경(VLA)　뉴멕시코에 위치한 VLA는 27개의 25m 전파접시가 Y자 모양으로 배열되어 있다. 74MHz와 50GHz 주파수(파장으로 0.7cm에서 400cm)로 가동된다. VLA는 영화 콘택트에서 조디 포스터가 사용한 것으로 유명하다.

초거대망원경(VLT)　4개의 8.2m 망원경으로 이루어져 있으며 유럽남방천문대에서 운영된다. VLT는 북부 칠레 아타카마의 세로파라날 사막 해발 2,635m 고도에 있다. 망원경은 가시광선과 근적외선 파장에서 작동하며, 1998년에 시작되었다. VLT는 네 개의 분리된 망원경으로 사용되기도 하고, 빛을 혼합하여 고해상도의 이미지를 만들 때 사용되기도 한다.

가시광선 및 적외선 탐사망원경(VISTA)　광시야의 사진을 위해 만들어진 4.1m VISTA 망원경은 VLT와 같이 칠레의 파라날 천문대에 위치했다. 현대식 망원경들과는 달리 하나의 도구만을 사용하는데, 비스타 적외선 카메라(VIRCAM)는 근적외선 (0.85와 2.15미크론 사이)에 민감한 16개의 배열검출기를 포함하고 있다. 16개의 배열검출기는 총 670만 픽셀로, 하늘의 0.6평방도만큼을 포함한다(예를 들어 보름달은 0.25평방도이다). VLT처럼 VISTA는 유럽남방천문대에서 운영하고 있으며, 2009년에 작동하기 시작했다.

광역 적외선 탐사위성(WISE)　2009년 12월에 발사된 WISE는 적외선 우주망원경으로 전체 우주를 4개의 파장(3.4, 4.6, 12, 22미크론)에서 관측하도록 설계되었다. 0.4m의 조리개와 함께, 500km가 조금 안 되는 고도의 지구 궤도에서 돌고 있다. 6개월의 우주관측을 완료한 후 3개월 동안 냉각수를 사용하여 17K만큼 온도를 낮추고, 2011년 2월 동면에 들어갔다. 그러나 2013년 8월 NASA가 소행성 관측에 사용하기로 결정하여 훨씬 덜 민감한 적정 온도에서 활동하게 되었다.

우주선과 탐사선

카시니호　카시니 우주선은 1997년 10월 토성과 고리, 위성들을 연구하기 위해 발사되어, 2004년 7월 토성에 도착했다. 도착 이후, 엔켈라두스, 히페리온, 타이탄과 같은 여러 위성의 접근 비행 등을 포함하여 토성계에 대해 전례 없이 상세한 연구를 수행했다. 카시니 탐사선은 2017년 9월 15일 임무를 종료하고 토성 대기 속으로 사라졌다. 카시니 우주선은 1675년 토성 고리 사이의 간극인 카시니 간극을 발견한 이탈리아 천문학자 조반니 카시니의 이름에서 따왔다.

큐리오시티 로버　세로 2.9m, 가로 2.7m, 높이 2.2m인 큐리오시티 로버는 화성 표면에 도착한 가장 큰 로버이다. 큐리오시티 로버는 2012년 8월 6일 북 4.6도, 동 137.4도에 해당되는 아이올리스 평야지대의 게일 분화구에 착륙했다. 지구와 마찬가지로, 위도 0은 행성의 적도를 기준으로 정해진다. 그러나 화성의 본초자오선은 지구의 본초자오선(그리니치)만큼이나 임의적으로 지정되었다. 1830~1832년 동안 독일 천문학자인 빌헬름 비어(Wilhelm Beer)와 요한 하인리히 메들러(Johann Heinrich Mädler)가 최초로 화성 물질의 체계적인 차트를 만들 당시에 화성 표면에서 작은 원형 물질을 선택했다. 이 부분이 1877년 화성의 본초자오선으로 채택되었는데, 1970년대에 와서야 메리디아만에 있는 에어리-0 크레이터로 바뀌게 되었다. 질량이 900kg인 큐리오시티는 카메라, 분광기, 흙 샘플 채취 및 착륙선 내부의 화학 연구소에서의 분석을 위한 스쿱(Scoop), 바위를 기화시킬 레이저, 최대 5cm 깊이까지 바위를 뚫을 수 있는 드릴을 탑재하고 있다. 큐리오시티는 평생 668개의 목표 미션을 가지고 있는데 2014년 중반에 목표점을 지나쳤다. 태양 패널에 의해 작동되던 스피릿이나 오퍼튜니티와 같은 선례와는 다르게, 큐리오시티는 방사성동위원소로 작동되었다. 2012년 12월에 무기한으로 미션이 연장되었으며, 처음 2년 동안 20km를 여행했다.

갈릴레오호　목성과 네 개의 큰 위성들을 연구하기 위해 1989년 10월 갈릴레오호가 발사되었다. 1995년 12월 목성에 도착하여 8년 동안 태양계의 가장 큰 행성과 그 위성인 이오, 유로파, 가니메데, 칼리스토를 연구하다가 2003년 9월 다른 위성과의 충돌이나 환경오염을 방지하기 위해 미션을 끝내고 목성 대기권으로 보내져 불태워졌다. 1610년 1월 네 개의 큰 위성을 발견한 갈릴레오 갈릴레이의 이름을 따라 붙였다.

호이겐스호　1655년 토성의 가장 큰 위성인 타이탄을 발견한 네덜란드 천문학자 크리스티안 호이겐스의 이름에서 붙여졌다. 규모가 더 큰 카시니 우주선이 호이겐스호를 토성으로 운반했다. 호이겐스호는 2005년 12월 25일에 카시니에서 분리되어 2006년 1월 14일에 타이탄의 대기로 들어섰고, 표면에 성공적으로 착륙했다. 호이겐스는 소행성 너머의 태양계 외 천체 표면에 최초로 착륙했다. 하강하는 동안 타이탄의 대기를 측정하여 그 성분, 온도, 압력을 조사하고, 하강하는 동안과 착륙 후의 사진도 촬영했다. 표면에 도착한 호이겐스호는 착륙한 지점 표면이 고체인지 액체인지에 대한 정보 등 물리적 성질을 측정했다. 호이겐스 호는 착륙 후 설계규격을 초과한 90분 동안이나 연속으로 데이터를 송신했다.

메신저호　수성 표면(MErcury Surface), 우주 환경(Space ENvironment), 지구화학(GEochemistry), 위성거리 측정 우주선(Ranging spacecraft)의 두문자어로 이뤄진 메신저호(MESSENGER)는 2004년 8월에 지구에서 발사되었다. 메신저는 수성으로 보내진 2번째 우주선으로, 이전에 매리너 10호가 1973년 11월에 발사되어 근접 비행을 했다. 매리너 10호는 수성에서 3번에 걸쳐 근접 비행을 수행했는데 날짜는 각각 1974년 3월, 1974년 9월, 1975년 3월이었다. 메신저호가 처음 화성을 지나친

2008년 1월 이후 2008년 10월과 2009년 9월에 다시 지나쳐갔다. 이후, 수성의 타원형 궤도로 보내져 행성 궤도를 도는 최초의 우주선이 되었다. 메신저호는 2011년 3월부터 2015년 4월까지 수성 주위를 돈 후, 궤도에 계속 머무르기에는 연료가 부족하여 2015년 4월 30일 수성 표면에 충돌했다.

뉴호라이즌호 2006년 1월 발사되어 왜소 행성인 명왕성으로 이동했고, 2015년 7월 목표지점에 도착했다. 2007년 2월 목성을 지나쳐, 중력 조력을 받아 명왕성에 도착했다. 목성과 마주친 후로 동력을 보존하기 위해 동면 상태로 들어갔던 뉴호라이즌호는 2014년 12월에 재작동되어 2015년 1월 명왕성 진입단계로 들어갔다. 그리고 2015년 7월 14일 행성 표면 위 12,500km로 비행했다. 현재는 2019년 1월에 진행될 예정인 카이퍼벨트 천체 2014MU에서 분열비행을 수행하기 위해 작동 중이다.

파이어니어 10호와 11호 화성 너머 외부 태양계를 탐험하기 위해 처음으로 발사된 우주선이다. 파이어니어 10호는 1972년 3월, 11호는 1973년 발사되었다. 파이어니어 10호는 1973년 11월 목성을 지나친 외에 다른 행성은 만나지 못했다. 파이어니어 10호와의 통신연결은 라디오 송신기 동력 부족으로 2003년 1월 중단되었다. 이 시기에 10호는 지구로부터 120억 km(80천문단위) 떨어져 있었고, 2016년 1월에는 169억 km(114천문단위)만큼 떨어져 황소자리 방향으로 향하고 있었다. 파이어니어 11호는 1974년 11월과 12월에 목성을, 1979년 9월에는 토성을 지나쳤다. 파이어니어 11호와의 연결은 1995년 9월에 끊어졌는데, 속도와 궤도로 추정해보면 2015년에는 지구에서 135억 km(91천문단위)만큼 떨어져, 방패자리를 향하고 있었다.

스피릿과 오퍼튜니티 로버 스피릿과 오퍼튜니티는 각각 2004년 1월 4일, 2004년 1월 25일에 화성 표면에 도착했다. 1997년 7월 화성에 도착했던 소저너 로버의 성공을 기반으로 화성 표면을 연구한 2번째, 3번째 로버이다. 소저너는 83화성일(sol)동안 활동하면서 100m 넘게 이동했다. 스피릿은 거대한 충돌 분화구로 액체인 물을 담고 있었던 구세프 분화구 가까이에 착륙했다. 착륙 좌표는 북위 14.6도, 동경 175.5도이다. 2004년 1월 가동되어 2009년 후기에 부드러운 흙 속에 박힐 때까지 활동했던 스피릿의 지구와의 마지막 통신은 2010년 3월로, 6년의 활동기간 동안 7.73km나 움직였다. 스피릿과의 오퍼튜니티는 스피릿의 착륙지점의 반대에 있는 메리디아니 평원인 남위 1.9도, 동경 354.5도에 착륙했다. 2016년에도 오퍼튜니티는 계속 작동하여 90화성일(sol)이라는 설계 수명을 훨씬 너머 12년 동안 활동했다.

바이킹 1호와 2호 첫 번째 탐사선인 바이킹1호와 2호는 화성 표면에 성공적으로 착륙했다. 바이킹 1호는 1975년 8월 발사되어 서쪽 크리세 평원에 착륙했으며, 좌표는 북위 22.5도, 서경 50.0도이다. 바이킹 2호는 1975년 9월 발사되어 1976년 11월 3일 유토피아 평원에 도착했고, 좌표는 북위 50도, 서경 225.7도에 해당한다(바이킹 1호와 반대쪽). 착륙선이 표면에 대한 실험을 수행하는 동안, 바이킹 착륙선은 궤도에 남아 있던 각각의 인공위성에 의해 화성으로 운송되었다. 인공위성들은 분리되기 전 착륙 가능 지역을 사진으로 찍고, 착륙선이 표면에 도착할 때 화성 대기를 측정하며, 착륙선에서 받은 자료를 지구로 보낸다. 바이킹 착륙선들은 여러 가지 실험을 수행한다. 연구 내용에는 하강 동안 측정한 화성 대기, 지질과 성분을 포함한 화성 표면에 대한 내용이 포함된다. 또한 토양 샘플을 탑재된 오븐에서 구워내 생명체의 존재여부를 살펴본다. 바이킹 1호는 2,307 지구일(혹은 2,245화성일) 동안 활동했고, 바이킹 2호는 1,316지구일(1,281 태양일) 동안 활동했다.

보이저 1호와 2호 1977년 발사되었는데, 다른 행성들(목성, 토성, 천왕성, 해왕성)이 정렬되어 있어 하나의 탐사선으로 네 개의 행성을 관측할 수 있었다. 보이저 1호는 1977년 9월, 보이저 2호는 2주 전인 1977년 8월에 발사되었다. 짧은 궤적을 따랐던 보이저 1호는 보이저 2호가 도착하기 전, 1979년 1월에 목성에 다다랐다. 이후 1980년 11월 토성에 도착하고, 토성의 가장 큰 위성인 타이탄을 지나갔다. 타

이탄의 과거 궤도는 보이저 1호를 황도면에서 벗어나게 하여 천왕성이나 해왕성의 방문도 불가능했다. 보이저 1호는 계속해서 태양계를 벗어나 현재는 200억 km(134천문단위)만큼 떨어진 곳에 있어, 인간이 만든 탐사선 중 지구에서 가장 먼 곳에 위치한다. 보이저 1호는 빙사성 신원으로 선력을 생산하여 2025년까지 작동할 것으로 예상된다. 보이저 2호는 보이저 1호와는 다르게 네 개의 외행성을 지나칠 수 있는 궤적으로 보내졌다. 1979년 7월 목성, 1981년 8월 토성, 1986년 1월 천왕성, 1989년 8월 해왕성에 도착한 후 현재는 165억 km(110천문단위)만큼 지구에서 떨어져 있으며, 보이저 1호처럼 최소 2025년까지는 전파 신호를 보내올 것으로 예상하고 있다.

단 위 에 대 한 설 명

《빅퀘스천 천체》는 사용되는 국제단위계 SI(Système International)인 미터법을 사용하고 있다. SI 단위에서 길이는 미터, 질량은 kg, 시간 단위는 초를 사용하고 있다.
또한, 과학에서 사용되는 흔한 접두사를 채택하여 천, 백, 1000분의 1 등으로 사용했으며 이는 다음과 같다.

- 킬로(kilo) - 천(thousand) : 킬로미터와 킬로그램에 적용
- 메가(Mega) - 백만(million)
- 기가(Giga) - 10억(billion) : 10억 만(One thousand million)
- 밀리(milli) - 10억분의 1(thousandth): 밀리미터에 적용
- 마이크로(micro) - 100만분의 1(millionth)
- 나노(nano) - 10억분의 1(billionth)

미크론(micron)이라는 단어는 마이크로미터의 축약형으로 주로 사용되며, 미터의 100만분의 1을 나타낸다.
SI 단위 사용 시 예외는 거리이다. 천문학에서 거리는 굉장히 크기 때문에, 미터뿐만 아니라 수십억 미터를 쓰더라도 부족하다. 태양계 규모에서 거리는 천문학 단위인 AU를 흔히 사용한다. 1AU는 지구와 태양 사이의 평균적 거리로 정의되어, 약 149,6만 km에 해당한다.
태양계 너머의 거리는 AU로 측정하기에 부족하다. 가장 흔하게 사용되는 길이 단위는 광년이다. 광년의 정의는 빛이 진 공 상태에서 1년 동안 가는 거리이며, 대략 1조 km를 의미한다. 천문학자들은 사실상 파섹(parsec) 단위 사용을 선호한다. 파섹은 용어집에 정의되어 있는데 대략적으로 3.3광년을 의미한다.

창백한 푸른 점

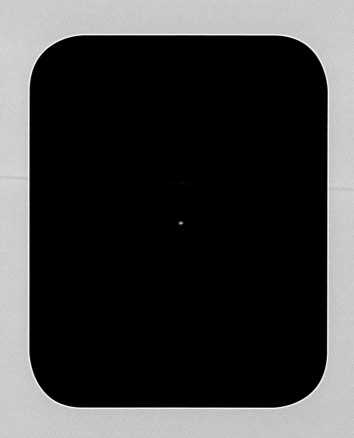

이 사진은 지금까지 촬영된 지구의 사진 중에서 가장 먼 곳에서 찍은 사진이다. 1990년 2월 14일 보이저 1호 우주탐사선에서 찍은 사진으로, 당시 보이저 1호는 지구로부터 약 60억 km 떨어진 거리에 있었다. 태양광선(카메라 속 내부 반사에 의해 만들어진) 속에서 빛나는 작은 점은 우리의 집이 있는 곳이다. 우리가 지금까지 겪어왔던 모든 것, 다시 말해 모든 역사와 우리가 지금까지 알고 사랑하고 들어본 모든 사람들이 이 작은 점 위에서 살아온 것이다. 사진 속 지구는 카메라 촬상소자의 화소 하나의 크기보다 작아서, 조금 더 멀어지면 전혀 알아볼 수도 없게 된다. 1970년대 획기적인 TV 시리즈 '코스모스'로 유명한 칼 세이건(Carl Sagan)의 아이디어로 촬영된 이 사진은 우리가 우주 안에서 얼마나 연약하고 하찮은 존재인지를 보여주며 우리를 참으로 겸손하게 만든다.

보이저호는 우리로부터 멀어지는 항해를 계속하고 있으며, 태양계의 가장 바깥 가장자리에 도달하고 있다. 아마도, 미래의 어느 날 우리 인류는 태양계를 떠나서 가장 가까운 별로 여행하게 될 것이다.

지금까지 인류가 여행했던 가장 먼 곳은 우리의 가장 가까운 이웃인 달이다. 이 사진 속 달은 지구와 아주 가까운 거리에 있어서 우리의 고향 행성과 하나의 화소 안에 겹쳐 보이고 있다.

창백한 푸른 점의 거주자인 우리 인간은 수천 년 동안 밤하늘을 올려다보며, 이 작은 행성 너머에 무엇이 있는지 궁금해했다. 그리고 수세기를 지나는 동안, 지식이 발전할수록 궁금증도 커져갔다. 이는 1600년대 초에 발명된 망원경의 발전을 통하여, 1800년대에는 분광학을 비롯한 다른 발전을 통해서 우주의 실제 크기와 그 안에서의 우리의 위치를 알게 되었다.

우리 지구는 태양 주위를 도는 8개 행성 중 하나이며, 태양은 은하수라 불리는 은하계 속 천억 개의 별들 중 하나에 불과하다. 우리 은하계는 우리 우주 안에서 볼 수 있는 천 억 개의 은하들 중의 하나에 지나지 않으며, 138억 년 전에 시작되었다는 사실을 우리는 알고 있다. 지구는 우리가 살고 있기 때문에 특별하며 현재까지는 생명체가 살고 있는 유일한 행성이지만 사실 특별한 행성은 아니다. 이 행성은 단지 우리와 같은 인류가 채워지지 않는 우주에 대한 궁금증을 깨우쳐가며 살아가고 있는 곳일 뿐이다.

《빅 퀘스천 천체》는 현재까지 우주에 대해 연구해온 것들 중 시각적으로 가장 장관을 이루는 장면들을 소개하고 있다. 우리는 먼저 우리 태양계, 다시 말해 우리 별 태양 주위를 선회하는 행성들과 위성들을 둘러볼 것이다. 그 다음에는 우리가 속해 있는 은하계, 다시 말해 은하수를 살펴본 후에, 우리 은하계와 그 주변 은하들이 속해 있는 국부은하군을 살펴볼 것이다. 국부은하군 너머에는 굉장히 다양한 종류의 은하들이 존재하는데, 어떤 것들은 우리 은하계와 매우 다르다. 계속해서 한층 너 멀리 나가면, 우리 우주가 어렸을 때의 모습을 돌아볼 수 있는데, 관측을 통해서 우리 우주의 기원과 바로 우리 자신의 기원에 대한 많은 것들을 알 수 있다.

우리는 정말로 경이로운 우주 속에 살고 있으며, 우주를 이해하는 것은 인류의 가장 위대한 모험이자 최대의 업적이 되고 있다.

다음 페이지 코끼리코 성운은 지구로부터 약 2,400광년 떨어진 거리에서 약 20광년 이상의 길이로 퍼져 있는 가스와 먼지로 이루어진 구름이다. 이 성운은 케페우스 자리에 있는 보다 더 큰 이온화된 가스 영역의 일부로, 가까이 있는 질량이 큰 별빛을 받아 이온화되었다. 큰 질량의 별들은 이 사진의 왼쪽 밖에 있다. 코 내부에서는 새로운 별들이 태어나고 있다. 이 사진은 카나리아 제도의 라 팔마 (La Palma)에 있는 아이작 뉴턴 망원경(Isaac Newton Telescope)으로 촬영했다.

제1부

태양계 탐험

수천 년 동안 인류는 밤하늘을 바라보며 그들이 본 변화를 이해하려고 노력해왔다. 달의 모양 변화와 계절의 변화, 일년 동안 시간에 따라 보이는 별들의 위치 변화, 다른 별들 사이로 움직이는 것처럼 보이는 '떠돌아다니는 별들'(행성들)의 존재, 이 모든 것들은 우리를 당혹스럽게 만들었고 설명을 필요로 했다.

사람들이 가장 오랫동안 믿어왔던 태양계 모형은 서기 2세기경에 그리스계 이집트 천문학자인 프톨레마이오스가 발전시킨 것이다. 지구는 우주의 중심에 있고, 태양과 달 그리고 다른 행성들이 모두 우리 주위를 돌고 있다는 이 모형은 16세기 중반에 "우주의 중심에는 지구가 아니라 태양이 있다"는 니콜라스 코페르니쿠스의 주장에 의해 도전받게 되었다. 1600년대 초에 갈릴레오는 망원경을 이용하여 프톨레마이오스의 모형이 틀렸으며, 실제로는 행성들이 태양 주위로 돌고 있음을 보여주었다. 이제 지구는 우주의 중심이 아니라 단지 태양 주위를 도는 행성들 중 하나인 존재로 강등되었다.

갈릴레오는 목성 주위를 도는 네 개의 위성을 발견했고, 1600년대 중반에는 크리스티안 하위헌스가 토성의 가장 큰 위성 타이탄을 발견했다. 보다 성능이 더 뛰어난 망원경이 발명되면서, 천왕성과 해왕성이 행성 목록에 추가되었으며, 첫 번째 소행성이 발견되었다. 1800년대 중반에는 분광학이 등장하여 행성들의 대기조성을 연구할 수 있게 되었고, 이어서 등장한 사진기술은 어둡고 희미한 천체를 찾아낼 수 있게 해주었다.

1957년에는 인공위성 발사 성공으로 우주 시대가 열렸고, 얼마 안 있어 인류는 지구 궤도 너머로 우리 태양계를 탐사하는 탐사선들을 보내기 시작했다. 먼저 1960년대와 1970년대에는 우리의 가장 가까운 이웃인 달과 화성 그리고 금성을 탐사했다. 계속해서 인간을 달로 보내는 아폴로 계획에 따라 1969년부터 1971년 사이에 12명의 인간이 달 표면을 걸었다. 뒤를 이어 1970년대 후반에 금성과 화성 표면에 탐사선들이 성공적으로 착륙한 것은 단지 시작에 불과했다.

1970년대 중반에 이르자 인류는 우주 탐사선을 태양의 외곽에 있는 행성으로도 보내기 시작했다. 파이오니어호 발사를 시작으로, 보이저호가 엄청난 거리를 날아가서 처음으로 목성과 그 위성들 그리고 토성과 천왕성, 해왕성의 근접사진을 보내왔다. 지금도 항해를 계속하며 태양계를 떠나가고 있는 이 탐사선들은 지구로부터 가장 멀리까지 날아가고 있는 탐사선들이다.

우리 태양계에 대한 탐사는 그 후에도 계속되었다. 갈릴레오 탐사선은 목성과 그 위성들을 자세히 조사하기 위해 발사되었고, 카시니 탐사선은 토성 궤도를 돌면서 토성과 그 주위의 위성들을 조사한 후 2017년 9월 15일 임무를 종료하고 토성 대기 속으로 사라졌다. 화성의 표면에는 여러 대의 로버를 내려 보내서, 화성의 지질 조사와 생명체에 필요한 조건이 충족된 적이 있는지 파악하는데 도움이 되는 정보를 보내왔다. 2015년에는 로제타 탐사선이 혜성을 따라잡아서 혜성 표면에 필레 착륙선을 내려 보냈고, 뉴호라이즌 탐사선은 명왕성으로 날아가서 처음으로 명왕성의 표면을 상세히 보여주었다. 반세기 조금 넘는 동안, 수십 대의 우주선을 우리 태양계의 모든 행성들과 그 주위에 있는 여러 주요 위성들로 보낸 것이다.

앞으로 수십 년 동안 더욱 정교해진 탐사선들이 한층 더 야심찬 임무를 띠고 우주로 파견될 것이다. 그리고 인간을 다른 행성으로 보내게 될 것이다. 금세기 말까지는 인간의 화성 생활을 보는 것은 어려울지 모르지만, 우리가 태양계 탐사를 계속하기 위한 다음 여정의 하나이다.

기술자들이 1972년 캘리포니아 레돈도 비치에 있는 TRW 시스템즈의 우주 시뮬레이션 실에서 파이오니어 F (나중에 파이오니어 10호로 명명됨) 우주선 시험을 준비하고 있다. 파이오니어 10호의 첫 번째 임무는 목성과 그 주위에 있는 위성들의 근접사진을 촬영하는 것이었다.

VLT(초거대망원경) 위의 월식

디지털 일안 반사식 카메라　가시광선

　월식은 종종 극적인 광경을 연출하는데, 특히 지구 그림자 속에서 붉게 빛날 때는 더욱 그렇다. 이 현상은 태양에서 방출된 빛이 지구 대기를 통과하여 달에 닿을 때 발생한다. 일몰 때 태양을 붉게 보이게 하는 현상과 똑같은 물리학적 현상이 이처럼 달을 매혹적으로 붉게 빛나게 만든다. 이는 개기월식이 일어나는 곳 어디서나 볼 수 있는 극적인 광경이지만, 2010년 12월 21일에 촬영된 이 사진은 유럽남방천문대의 핵심 망원경인 초거대망원경VLT 위쪽 하늘에서 일어나고 있는 월식을 촬영한 것이다. 월식이 진행 중인 달이 VLT를 구성하는 4대 망원경 돔 중 하나인 '퀘옌'('UT2'라고도 불린다) 위로 불그스름한 원반 모양으로 보이고 있다. 이 사진에는 머리 위로 아치를 그리는 은하수와 대 · 소마젤란 은하들도 보인다. 만약 이 날 월식이 일어나지 않았다면 보름달의 밝은 빛이 이 천체들이 내는

희미한 빛을 가려버려서 이렇게 잘 보이지는 않을 것이다. 사진의 왼쪽 아래, 지평선 가까이에서 밝게 빛나는 천체는 금성이다.

유럽남방천문대[ESO]는 유럽의 16개 국가가 1962년에 공동으로 설립한 천문대이다. VLT는 현존하는 가장 큰 가시광선 망원경으로, 반사경의 지름이 8m인 망원경 4대로 구성되어 각각 별도로 운영할 수도 있고, 초고해상도로 관측하기 위하여 함께 운영할 수도 있게 되어 있다. VLT가 위치한 칠레 북부의 아타카마 사막에 있는 세로 파라날 산 정상, 해발고도 2,635m 지점에서는 일 년 중 340일 넘게 맑은 밤하늘을 볼 수 있어서, 하늘을 관측하기에 최적의 장소 중 하나이다.

태양

요코^{Yohkoh}, 태양지구관계 관측소^{STEREO}, 태양 및 태양권 관측소^{SOHO}   X-선

우리 태양의 표면은 가시광선 영역에서 보면 매우 평온해 보인다. 태양의 활동이 가장 명확하게 드러나는 유일한 신호는 우리에게 잘 알려져 있는 태양흑점이다. 이에 대한 연구는 수세기 동안 이루어져 왔는데, 11년을 주기로 규칙적으로 그 수가 증가하거나 감소하는 것으로 알려져 있다. 20세기 초반에 이루어진 태양흑점에 대한 상세한 연구에서 흑점은 태양 표면에서 강한 자기장을 띠는 영역이라는 사실이 밝혀졌다. 흑점이 어둡게 보이는 이유는 이곳의 강한 자기장으로 인해 내부에서 방출되는 열수송이 억제되어 주변보다 온도가 낮기 때문이었다.

태양 활동의 또 다른 증거는 개기일식에서 발견할 수 있다. 개기 일식이 일어날 때, 다시 말해 태양 원반이 달에 의해 가려지는 짧은 시간 동안, 태양의 엷은 대기가 우주 공간 속으로 뻗어가는 모습을 볼 수 있는데, 이것이 태양의 코로나이다.

가시광선 영역으로 보면 평온해 보이는 태양 표면도 짧은 파장의 전자기파를 통해서 보면 산산이 부서진다. 사진은 자외선보다 약간 파장이 짧은 연질 X-선으로 본 태양의 모습이다. 1991년에 발사된 일본 태양 탐사선 요코^{Yohkoh} 위성에서 찍은 이 사진을 보면 연질 X-선을 통해 흑점과 연관되어 발생한 뜨거운 가스의 고리를 볼 수 있다. 이 고리는 태양 표면에서 상승하고, 경우에 따라 태양 플레어^{flare} 안에서 고리가 끊어진다. 오른쪽 사진은 1991년 8월에서 2001년 9월 사이에 찍은 사진을 이어 붙여 만든 것으로, 11년의 주기 안에서 태양의 활동이 어떻게 변하는지를 보여준다.

코로나 질량 방출^{CME, Coronal Mass Ejection}이라고 부르는 특히 강한 태양 플레어로 인해 하전 입자가 우주로 분출되는데, 우리 대기에 들어와서 오로라를 일으키는 것은 이 대전된 입자들이다.

2012년 8월 31일에 STEREO와 SOHO가 촬영한 태양의 물질 분출로 만들어진 긴 필라멘트. 코로나 질량 방출(CME)은 초당 1,400km가 넘는 거리를 이동한다. 이 CME는 9월 3일 밤에 오로라를 발생시켰다.

태양의 코로나

태양 및 태양권 관측소(SOHO)   자외선

일식이 일어나는 동안 태양의 코로나를 바라보는 것은 하늘에서 벌어지는 드문 현상 중에서도 가장 경이적인 광경 중 하나이다. 수세기에 걸쳐 천문학자들은 태양의 개기일식이 일어나는 경로를 따라 지구 반대편으로 이동해가면서 우리의 시각에서 관측할 수 없었던 태양의 외곽 대기를 엿볼 수 있었다. 지상에서는 디스크(코로나그래프라 불리는 장치)를 설치하여 태양광선을 가린다 하더라도, 지구 대기 안에서의 빛의 산란으로 인해 코로나는 여전히 보이지 않는다. 하지만 우주에서는 공기가 없어서 빛의 산란이 일어나지 않기 때문에 우주 공간에 떠 있는 인공위성에서는 코로나그래프로 태양 원반을 가려 일식이 발생하지 않을 때조차도 코로나에 대한 연구가 항상 가능하다.

오른쪽 위 태양 코로나 사진은 SOHO(태양 및 태양권 관측소)에서 촬영된 것이다. SOHO는 미국항공우주국(NASA)과 유럽우주국(ESA)의 합작 위성으로 1996년에 태양 관측을 시작한 이후 계속 작동되고 있다. SOHO는 지구와 태양 사이에 위치한 특별한 지점, 다시 말해 L_1 라그랑주점이라 불리는 점에서 태양 주위를 도는 궤도에 있다. 일반적으로, 태양에 가까운 물체는 지구가 궤도를 도는 것보다 더 빨리 돌게 되는데, 금성과 수성이 좋은 예이다. 그렇지만 L_1은 태양의 중력과 지구의 중력이 균형을 이루는 지점이어서, 인공위성이 태양에 더 가까운 궤도를 도는 것이 가능하지만, 궤도를 다 도는 데는 지구와 꼭 같은 1년이란 시간이 걸린다.

2000년 5월에 찍힌 이 SOHO의 사진은 태양 외곽의 코로나가 우주를 향해 뻗어나가고 있는 모습을 선명하게 보여준다. 가운데 보이는 파란색 원반은 코로나그래프로, 태양으로부터 직접적으로 오는 빛을 차단하기 위해 설치되었다. 하얀색 원은 태양 원반의 크기를 보여준다. 이 사진에는 수성, 금성, 목성, 토성도 보이는데, 일반적으로 이들은 밝은 태양빛에 가려져 보이지 않는다. 사진의 왼쪽 위에는 플레이아데스 성단(85페이지 참조)도 보이고 있다. SOHO와 같은 인공위성 덕분에 태양 코로나를 쉽게 관측할 수 있을 뿐 아니라 매일 그것이 어떻게 변하는지에 대한 이해가 크게 향상되었다.

위 SOHO가 촬영한 사진. 왼쪽 위에 있는 밝은 행성이 수성이며, 플레이아데스 성단 바로 아래에 있다. 금성은 오른쪽 끝에 있고, 목성은 금성 바로 왼쪽 아래에, 토성은 목성 아래 왼쪽에 있다.

아래 국제 우주정거장에서 본 2006년의 개기일식.

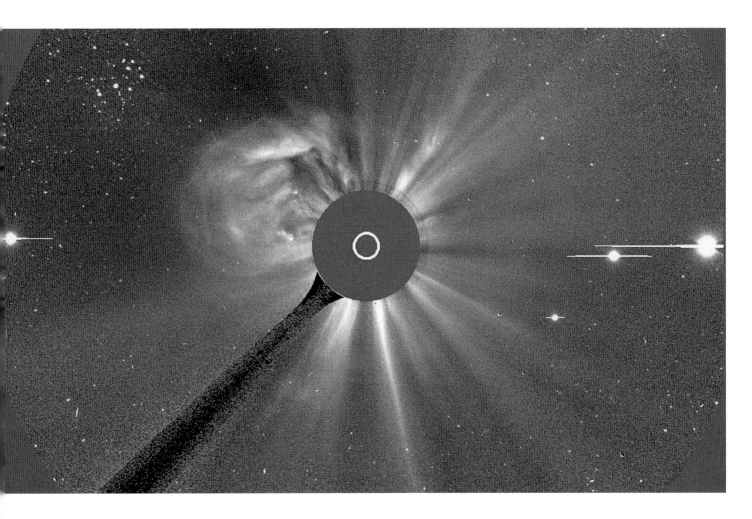

메신저 MESSENGER 호가 본 수성

메신저 우주탐사선   가시광선

수성은 태양에 가장 가까운 행성으로, 맨눈으로 관측할 수 있는 5개의 행성들 중에서 가장 탐사가 덜 이루어진 행성이다. 현재까지는 1970년대 중반에 수성을 탐사한 매리너 10호와 2008년 1월에 수성에 도착한 메신저호 단 2대의 탐사선밖에 파견되지 않았다.

수성은 금성이나 화성을 제외하면 다른 어떤 행성보다도 지구 가까이 있는 행성이지만, 태양의 강한 중력으로 인해 우주탐사선을 보내는 일은 상당히 어려운 과제였다. 수성으로 향하는 우주선은 태양의 인력으로 인해 속력이 증가하게 된다. 이는 언덕 위에서 공을 아래로 굴러내려 보내는 일과 비슷하여, 우주선이 수성에 다가갈 때 빠른 속도로 지나쳐가지 않도록 우주선의 속력을 적절히 낮추는 것이 선결 과제였다. 게다가 질량이 작은 수성은 탐사선의 속도를 바꾸어 자신 쪽으로 끌어당길 만큼 중력이 충분히 강하지 않아서 수성 궤도에 탐사선을 올리는 것도 어려운 일이었다.

매리너 10호는 수성 표면에서 330km 이내의 거리까지 스쳐지나가며 세 차례에 걸쳐 접근했지만, 수성 주위를 선회하지는 못했다. 메신저호 역시 2008년 1월과 2008년 10월 그리고 2009년 9월에 수성에 접근한 후, 드디어 2011년 3월에 타원형 궤도를 따라 수성 주위를 돌게 되었다. 그 후 3년에 걸쳐 수성의 표면 지도를 작성하고, 연료가 바닥나서 2015년 4월 30일에 수성 표면에 충돌했다.

여기에 실린 사진들은 메신저호에 탑재된 MASCS(수성 대기 및 표면 조성 분광계)로 측정한 자료를 바탕으로 나타낸 수성 표면 사진이다. 메신저호는 수성 표면에서 유기화합물을 발견했고, 태양광선이 전혀 닿지 않는 북극의 크레이터 안쪽에 존재하는 물의 얼음도 발견했다. 또한 내부에 액체 상태의 철 핵이 존재한다는 사실과 과거 수성 표면에서 이루어진 화산 활동의 증거, 매우 희박한 수성의 대기 속에서 상당량의 수증기가 존재한다는 증거 등을 찾아냈다. 유럽우주국(ESA)과 일본 항공우주국은 2017년 1월에 베피 콜롬보를 발사할 예정이었지만 2018년 10월로 연기되었으며, 수성의 위성궤도 진입 목표 역시 2024년 1월에서 2025년 12월로 바꾸었다 이들은 최소한 1년 이상 수성의 표면과 얇은 수성 대기의 내부조성을 상세히 연구할 계획이다.

금 성

마젤란 우주선과 아레시보[Ariccbo] 전파망원경   진파

오랫동안 우리 지구의 쌍둥이 행성으로 생각되어온 금성은 두꺼운 대기로 덮여서 지구에서는 표면이 보이지 않는다. 수세기 동안 천문학자들은, 지구의 열대지방과 유사한 푸른 낙원을 상상하며 금성의 표면을 관측하기 위해 애써왔다. 1961년 2월 소련의 베네라 1호가 금성을 향해 발사되었으나 도착하지 못하고 실패했다. 그 이듬해에 미국의 탐사선 매리너 2호가 성공적으로 금성을 지나가며 표면온도를 측정했는데 섭씨 450도를 넘었다.

1960년대에는 소련과 미국이 연속해서 탐사선을 보냈다. 특히 1967년에는 소련의 탐사선 베네라 4호가 최초로 다른 행성의 대기에 진입하여, 측정한 결과 금성 대기의 95%가 이산화탄소이고, 대기압은 지구보다 약 100배나 더 높다는 사실을 알아냈다. 그리고 1970년 12월에는 베네라 7호가 금성의 표면에 착륙하여 표면온도를 측정한 결과 섭씨 455~475°라는 사실을 알아냈다. 또한 대기 상층부에 황산 물방울이 존재한다는 사실도 밝혀냈다.

금성은 두꺼운 대기로 덮여 있어서, 가시광선을 통해 표면을 보는 것은 불가능하다. 하지만 1989년 5월에 미국항공우주국[NASA]이 발사한 마젤란 우주선은 전파로 보이지 않는 금성의 구름 속을 관측하여 행성의 표면을 처음으로 '볼 수' 있게 되었다.

마젤란호는 4년에 걸쳐 금성 표면의 98%를 지도로 작성했다. 금성에 판구조가 있다는 증거는 찾지 못했으나, 충돌 크레이터가 없는 것으로 미루어 보아서 표면은 비교적 최근에 생성되었음을 의미했다. 또한 길이가 수천 km에 이르는 긴 용암 해협도 발견했다. 왼쪽 레이더 지도는 마젤란 우주선이 관측한 사진을 모자이크 형식으로 붙여 놓은 것이며, 데이터가 없는 지역은 지구 표면에서 아레시보 전파망원경으로 관측한 자료를 이용하여 채워 넣었다.

푸에르토리코에 있는 아레시보 전파망원경은 열대우림에 있는 자연 분화구를 채워 만든 것이다. 오목한 전파 접시는 직경이 1,000피트이고, 수천 개의 알루미늄 패널로 구성되어 수신되는 전파를 위에 걸려 있는 9톤 플랫폼으로 보낸다.

바이킹 1호가 보내온 화성 표면의 이미지

바이킹 1호   가시광선

    미국항공우주국(NASA)은 1975년 8월과 9월에 화성 표면에 착륙하는 것을 목표로 두 대의 탐사선을 발사했다. 바이킹 1호는 1976년 7월 20일에 화성 표면에 성공적으로 착륙하여 최초로 착륙한 탐사선이 되었다. 그로부터 40여 일 후인 9월 3일에는 바이킹 2호도 착륙에 성공했다. 바이킹 1호는 화성의 적도 북쪽으로 북위 23°에 약간 못 미치는 위도에 있는 크리세 평원('골든 플레인') 서쪽, 바이킹 2호는 북위 48° 조금 넘는 위도에 있는 미에 크레이터 서쪽으로 200km 떨어진 유토피아 평원에 착륙했다.

    탐사선들은 각각의 궤도선에 의해 화성으로 운반되었으며 이 궤도선은 탐사선 운반용으로만 사용된 것이 아니라 화성 대기의 구조와 구성요소를 측정할

과학장비와 착륙선이 분리되기 전에 카메라를 사용해 착륙 예정 장소의 고해상도 사진을 얻을 수 있는 카메라를 싣고 있었다. 일단 착륙선이 표면에 착륙하고 나면, 궤도선은 계속해서 과학적 프로그램을 운영하고, 탐사선에서 보내온 정보를 지구로 전송했다. 위아래 사진들이 바로 화성 표면에서 보내온 첫 번째 영상이다.

바이킹 1호에서 이 사진들을 살펴보면 수많은 암석과 바위들 외에도 토양 시료 채취 장치에 의해 파헤쳐진 도랑의 모습도 볼 수 있다. 토양은 생명의 흔적을 찾기 위해 분석되었고, 결과는 결정적이지 않아서 화성의 과거나 현재 생명이 존재하는지 여부는 여전히 미결 문제로 남아 있다.

2012년 8월 6일(세계 표준시) 화성 표면에 노착한 이후, 화성 큐리오시티 로버는 화성 표면을 따라 직선으로 11km 이상의 거리를 움직이면서, 탐사 목적 중 하나인 미생물이 살 수 있는 환경인지 조사하기 위한 시료를 채취했다.

큐리오시티 로버는 NASA의 화성과학실험실^{MSL, Mars Science Laboratory} 미션의 일부로, 화성으로 파견한 로버 중 가장 크고 가장 정교한 로버이다. 입체 카메라, 분광기, 드릴 등 화성의 지질을 조사하기 위한 실험 세트를 갖추고 있어 흙과 돌에서 시료를 채취하거나 오븐 안에서 가열하여 방출되는 가스를 조사할 수도 있다.

로버의 여정은 게일 크레이터에서부터 시작하여 지금은 샤프^{Sharp}라 부르는 작은 언덕에 위치하고 있는데, 직선을 따라 대략 11km 정도를 돌아다녔다.

큐리오시티 로버에는 NASA의 행성 탐사 미션 중 가장 많은 17대의 카메라가 실려 있으며, 화성에 착륙할 때, 화성 하강 카메라^{MARDI}로 사진을 찍었다. 로버의 팔 끝쪽으로 카메라가 장착되어 있어 고화질 컬러 사진을 근접 촬영할 수 있다. 이는 28~29페이지처럼 '셀프카메라'로 사용되었다.

지면 높이에는 위험을 피하기 위한 카메라인 해즈캠^{HazCams}이 장착되어 있다. 전방과 후방에 네 개씩 달려 있는 해즈캠은 바퀴 근처나 주변지역의 3D 촬영이 가능하다. 안테나 기둥에 있는 카메라는 임무수행에 필요한 대부분의 사진 촬영에 쓰이고 로버를 움직이는데 사용되는 사진을 찍는 내비게이션 카메라와 지질 조사에 사용되는 다른 마스트 카메라도 있다.

마지막으로, 원격 조정이 가능한 현미경은 켐캠^{ChemCam} 레이저 장비의 일부로, 로버가 표면에 생성하는 레이저 점을 기록하는 데 사용된다.

위쪽 NASA의 화성정찰위성(MRO)에서 바라본 빅토리아 분화구의 모습. 화성 오퍼튜니티 로버가 보내진 곳이다.

아래 샤프 산기슭 근처에는 '킴벌리' 지역이 있다. 지질학자들의 연구를 용이하게 하기 위해 바위의 색상을 조정해서 지구와 유사하게 만들었다. '화이트 밸런싱'은 화성에 푸른 빛이 없다는 점을 최대한 감안하여 빛 조정을 하고, 하늘을 하늘색으로 보이게 하거나 때로는 어두운 색, 검은색 바위에 푸른 빛을 주기도 한다.

뒷장 큐리오시티 로버의 팔로 촬영한 화성에서의 셀프카메라다. 이곳은 '모하비' 지역으로 샤프 산의 두 번째 시료를 드릴로 채취한 곳이다. 2015년 1월에 촬영되었던 십여 개의 이미지를 합쳐놓은 것이다.

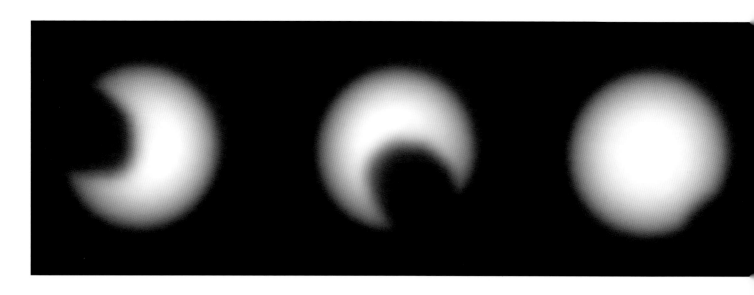

포보스의 일면통과

화성 오퍼튜니티 로버 가시광선

화성의 두 위성 중 하나인 포보스가 태양 앞을 지나가는(일면통과) 극적인 장면을 화성 오퍼튜니티 로버가 포착했다. 2004년 3월 오퍼튜니티의 임무 수행 초기에 찍은 이 사진은 화성 표면에 놓인 카메라가 단순한 화성 표면 조사 이상의 업무를 수행할 수 있음을 보여준다. 지구의 위성인 달과는 달리 포보스는 태양 원반 전체를 가리는 개기일식을 일으킬 수는 없다. 대신 지구에서 볼 때, 금성이나 수성이 태양면을 통과하는(일면통과) 방식과 매우 유사한 방식으로 태양면을 통과한다.

지구에서 금성이나 수성의 태양면 통과를 보는 것은 꽤 드문 일(1세기에 몇 번 정도)인 반면에 지구의 달로 인한 태양 일식은 대략 1년에 두 번 정도 일어나기 때문에 흔한 일인 셈이다. 하지만 포보스에서는 태양면 통과 현상이 좀 더 흔하게 발생한다. 화성은 자전축을 중심으로 24시간 37분마다 한 번 자전한다. 그러나 포보스의 궤도는 화성 표면에 굉장히 근접하여 포보스가 화성 주위를 한 바퀴 도는 데 7.6시간밖에 걸리지 않는다. 게다가 포보스의 궤도는 화성의 적도 가까이를 돌고 있다. 이는 대부분의 날 동안 화성 어딘가에서는 태양면 통과가 일어나고 있다는 의미이다. 이런 현상들을 보여주는 사진이 그 첫 번째 사진이다. 이는 여러 로버를 통해 목격되었다.

포보스는 좀 더 화성에 가까이 있는 위성이다. 또 다른 위성인 데이모스는 3배 정도 더 먼 거리에 있어서 화성 주위를 도는데, 대략 30 시간이 걸린다. 1977년 미국 해군천문대^{US Naval Observatory}의 천문학자 아사프 홀^{Asaph Hall}이 발견한 두 위성은 외관이나 조성을 보면, 가까이 있는 소행성대에서 포획된 것으로 추정된다.

반대편 아래 **포보스.** NASA의 화성 정찰위성(MRO)에 장착된 고해상도 이미징 과학실험(HiRISE) 카메라로 촬영한 포보스 위성의 고해상도 사진. 6,800km 떨어진 궤도선에서 촬영했다. 오른쪽 아래에 스티크니 크레이터가 있다.

아래 **데이모스.** NASA의 MRO의 HiRISE 카메라에서 찍힌 데이모스 사진

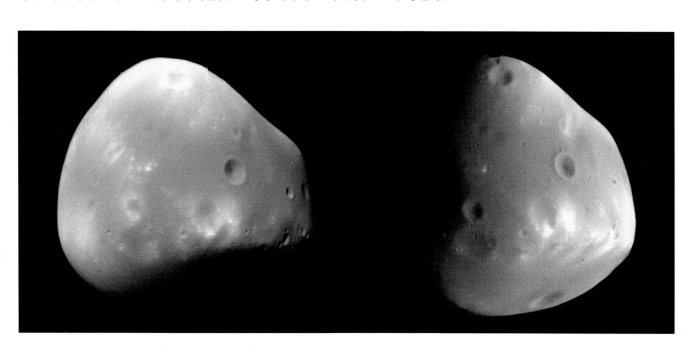

파이오니어 10호와 갈릴레오호의 목성 탐사

파이오니어 10호와 갈릴레오 탐사선   가시광선

1973년 12월, 우주 탐사선 파이오니어 10호는 최초로 목성의 근접 사진을 찍었다. 이전에 태양계에서 가장 거대한 행성의 사진을 이보다 더 자세하게 찍은 사진은 없었다. 파이오니어 10호가 찍은 사진은 우리가 태양계 외곽으로 진입했다는 상징적인 이미지가 되었다. 이 사진에서는 1600년대 중반에 망원경으로 처음 볼 수 있었던 거대한 폭풍인 대적점이 선명하게 보이지만 현재는 목성의 자전으로 인해 사라지고 있다.

파이오니어 10호는 1972년 3월에 발사되어 처음으로 소행성대를 가로질러 목성으로 여행한 우주탐사선이 되었다. 계속하여 1976년에는 토성, 1979년에는 천왕성, 1983년에는 해왕성 궤도를 통과하여 지나갔다. 이들 중 어떤 행성도 방문하지는 않았다.

파이오니어 10호에 이어 1973년 4월에 발사된 파이오니어 11호는 1974년 말에 목성을 방문하고, 계속하여 1979년 9월에는 토성을 방문했다. 두 대의 탐사선은 두 개의 거대 행성의 환경에 대한 많은 정보를 알려주었을 뿐 아니라, 1977년에 훨씬 더 야심찬 탐사선인 보이저 1, 2호의 선도자 역할을 했다. 오늘날 파이오니어 10호와 11호는 태양계 밖으로 나가고 있으며, 태양 방사선의 영향이 근처의 별에서 오는 방사선보다 적은 지점을 지나가고 있다.

아래 사진은 갈릴레오 탐사선이 1995년에 목성 궤도에 도착하여 목성 주위를 돌면서 찍은 사진이다.

위 2,695,000km 떨어진 거리에서 목성을 지나친 파이오니어 10호 우주선에서 찍힌 구름 꼭대기의 모습. 40,000km에 달하는 긴 대적점을 보여준다.

왼쪽 허블우주망원경에서 본 목성과 그 위성 유로파. 유로파에서 수증기 기둥이 방출되었다.

아래 갈릴레오 근적외선 맵핑 시스템에서 본 목성의 위성 가니메데스. 중심부의 초록색 부분은 얼음을 보여주고, 오른쪽 붉은색은 미네랄의 위치를 알려주며, 파란색은 얼음 알갱이의 크기를 말해준다. 첫 번째 가니메데스는 보이저호에서 찍은 모습이다.

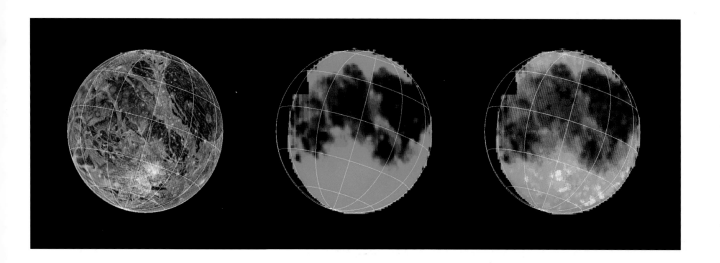

목성의 오로라

허블우주망원경   자외선

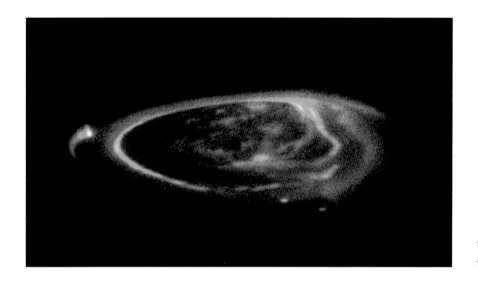

허블우주망원경으로 관측한 목성의 북극광 클로즈업 사진.

목성의 자기장은 지구의 자기장보다 14배나 더 강하다. 이는 태양의 흑점을 제외하면, 태양계에서 가장 강한 자기장이다. 이 강한 자기장은 목성과 가장 가까이 있는 위성 이오에 많은 영향을 미친다. 목성의 자기장 자체는 지구의 자기장과 유사하게 액체 상태의 외핵 안에서 전기적으로 전도성이 있는 물질이 순환하여 발생하는 것으로 생각된다. 하지만 지구는 용융된 외핵이 철과 니켈이지만, 목성은 액체 상태의 금속 수소(강한 압력이 작용할 때 형성될 수 있는 수소의 한 형태)이다. 목성은 거대한 크기와 자전주기가 10시간도 안 되는 빠른 자전속도를 갖는데(이는 태양계 안에서 가장 빠른 자전속도이다), 이것이 목성에 강한 자기장을 발생시킨다.

목성 자기장의 영향은 우주 멀리까지 미친다. 목성의 큰 위성들(갈릴레이 위성들)은 모두 그 영향 아래서 궤도운동을 하고 있으며, 토성 궤도에도 영향을 주고 있다. 이오(36페이지 참조)에서는 화산 폭발로 인해 많은 양의 아황산가스가 우주로 분출되는데, 이 가스는 목성의 자기장에 의해 이온화되며, 자기장은 플라즈마(이온화된 가스)로 채워진다. 이 플라즈마가 목성의 자기극 위에 비 오듯이 쏟아지며, 하전된 가스는 목성의 상층 대기와 반응하여 행성의 양극에 영구적인 오로라를 만들어낸다.

오른쪽 사진은 허블망원경으로 포착한 목성의 오로라가 장관을 이루고 있는 모습이다. 목성의 양 극에서 자외선을 방출하는 오로라가 보인다.

이오의 화산들

갈릴레오와 뉴호라이즌 우주탐사선　가시광선

　목성에 가장 가까이 있는 위성 이오는 태양계에서 가장 화산 활동이 활발한 천체이다. 보이저 1호가 1979년 3월에 이오를 지나가며, 충돌 크레이터가 없는 다채로운 색의 이오 표면을 포착했다. 이오 표면은 위성의 표면이라기보다는 피자 표면에 더 가까워 보였다. 그로부터 얼마 지나지 않아서 보이저호의 운항 공학자인 린다 모라비토가 이오의 표면에서 불기둥이 솟아오르는 사진을 한 장 발견했다. 보이저 1호가 촬영한 다른 사진들을 분석한 결과 그와 같은 불기둥이 9개 발견되었다. 이는 이오가 활발하게 화산 활동을 하고 있다는 증거였다.

　아래 사진은 1997년 6월에 갈릴레오 우주탐사선이 촬영한 것으로, 이오 가장자리에서 활동 중인 화산에서 분출되는 불기둥이 분명하게 보인다. 이오의 크기를 감안할 때, 이오가 생성된 직후에 남아 있던 열기는 오래 전에 사라졌어야 했

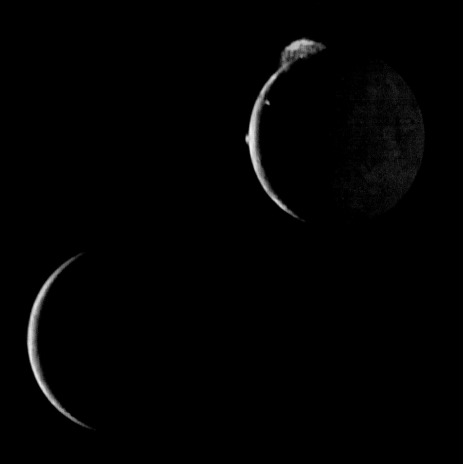

위 2007년 2월에 뉴호라이즌 우주탐사선이 이오와 목성의 또 다른 위성인 유로파를 촬영했다. 이오의 북극에서 거대한 화산 폭발로 인한 불기둥이 보인다.

다. 게다가 위성의 핵에서는 이와 같은 수준의 화산 활동을 불러일으킬 어떤 방사능 원소도 기대할 수 없었다. 그렇다면 이러한 내부의 열의 근원은 무엇일까? 그 답은 조석과 관련이 있다. 똑같은 현상이 지구 표면에서 바닷물을 하루에 두 빈씩 오르내리게 만들고 있다.

기술적으로 '조석'이라는 용어는 확장된 천체의 중력이 끌어당기는 힘이 위치에 따라 다르게 나타날 때 사용된다. 이오는 타원궤도를 따라 목성 주위를 돈다. 이 때문에 모행성으로부터의 거리가 변하면서 이오는 조석력에 의해 찌그러지거나 늘어나게 된다. 이오를 계속적으로 주무른다면 내부가 뜨거워져서 녹게 되며 이는 극심한 화산 활동의 원인이 된다.

유로파 - 생명의 서식지?

마젤란 우주선과 허블우주망원경　가시광선

태양계의 모든 천체들 중에서, 목성의 위성 유로파는 우리 지구를 제외하고 생명체를 찾을 가능성이 있는 가장 높은 목록 중에서 첫 번째로 꼽힌다. 그 이유는 얼음 표면 아래로 액체 상태의 물의 바다를 품고 있다는 강력한 증거가 있기 때문이다. 유로파는 1610년 1월 갈릴레오가 발견한 4개의 갈릴레오 위성 중 하나로, 목성에 2번째로 가깝고, 모행성 주위를 도는데 3.5일이 조금 넘게 걸린다. 보이저 1호와 2호가 1979년에 목성계를 지나가면서 유로파의 표면에 대한 상세한 이미지를 제공했다.

사진을 통하여 표면에 어떤 변화가 있었는지 등을 분석한 결과 유로파 표면 아래에는 액체의 바다가 있을 것이라는 힌트를 얻을 수 있었다. 목성의 궤도로 우주탐사선을 보내 상세한 연구를 진행하기로 한 NASA가 1989년 10월 발사한

반대편 목성의 세 위성들이 목성 앞을 지나가고 있다. 유로파는 왼쪽 아래에 있고, 칼리스토는 그 바로 위 오른쪽에 있다. 이오는 목성 더 가까이에서 궤도를 돌고 있으며 목성의 동쪽 가장자리에 접근하고 있다.

갈릴레오 탐사선이 1995년 12월에 목성에 도착했다. 갈릴레오 탐사선은 이후 8년 동안 목성과 그 위성들을 상세히 탐사하면서 유로파 역시 여러 차례 근접 촬영했다. 최근에 공개된 유로파의 사진들 중 아래 사진을 보면 유로파의 표면은 몇 주 만에도 모양이 바뀌는 능선들이 십자 모양으로 얽혀 있다.

이 능선들은 아래에 있는 보다 따뜻한 물로부터 따뜻한 얼음이 연속적으로 분출되어 생겼을 것이라는 주장이 제기되었다. 우주탐사선에서 나온 레이더 신호가 지구로 보내지는 것은 액체형 물로 된 층이 존재한다는 또 다른 증거가 된다.

미래에는 유로파에 우주탐사선을 보내서 얼음층에 구멍을 뚫고 그 아래 바다 속에 생명의 신호가 있는지 알 수 있기를 희망한다.

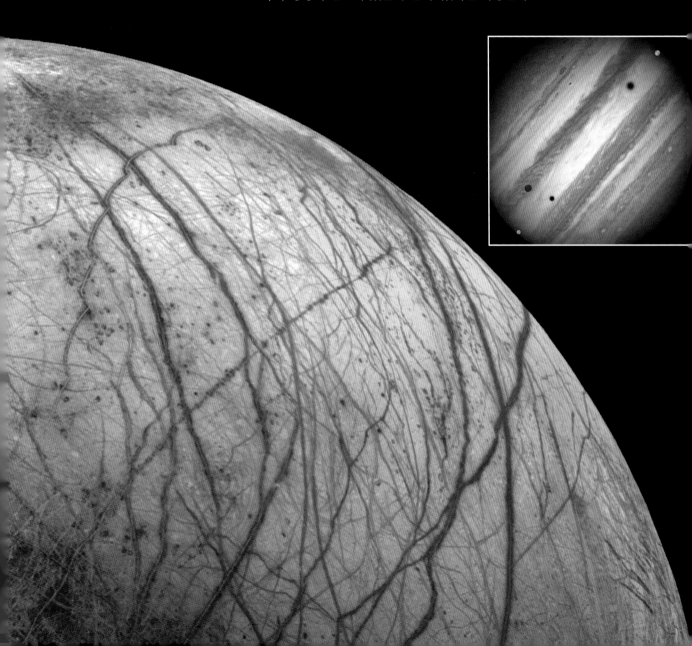

타이탄의 해안선

호이겐스 탐사선 *가시광선*

이 아름다운 사진(아래)은 호이겐스 탐사선이 토성의 가장 큰 위성인 타이탄 표면을 향해 하강하던 2005년 1월 14일에 촬영한 것이다. 타이탄은 1655년 네덜란드 천문학자인 크리스티안 호이겐스가 발견했는데, 탐사선의 이름은 그의 이름을 따서 명명되었다. 작은 망원경으로도 쉽게 볼 수 있는 타이탄은 토성을 한 바퀴 도는데 16일이 약간 안 걸리며 토성의 가장 바깥쪽 고리에서 약 10배 정도 더 멀리 있다. 타이탄은 태양계에서 상당한 대기를 가진 유일한 위성으로 탄화수소, 특히 메탄을 포함한 기체로 이루어진 것은 매우 흥미로운 사실이다. 타이탄에 대기가 있다는 것을 처음 확인한 사람은 네덜란드 천문학자 제라드 카이퍼로 타이탄에서 오는 빛의 스펙트럼을 조사하여 메탄을 포함한 대기가 있다는 사실을 입증해 보였다.

토성과 그 위성들을 조사하기 위해 카시니 우주탐사선을 보낼 때, 더 작은 탐사선 호이겐스를 탑재하여 하강하는 동안 사진을 찍고 대기의 조성과 온도, 압력을 고도의 함수로서 측정했다.

아래 사진을 보면 언덕이나 해안선, 강과 평원처럼 보이는 것들이 있다. 언덕들은 물의 얼음으로 구성되어 있다고 여겨지는 반면 강 속에는 액체 상태의 메탄이 평원으로 흘러내린다고 믿어진다. 타이탄에는 지구의 물 순환과 유사한 메탄의 순환이 있다고 여겨진다.

반대편 왼쪽 카시니 우주선에서 촬영한 사진으로, 타이탄이 그 모행성인 거대 가스행성인 토성 앞을 통과하고 있다. 타이탄 뒤로는 토성의 고리들이 정렬하여 얇은 평면을 이루고 있고, 그 그림자들이 토성의 남반구 표면 위에 드리우고 있는 것을 볼 수 있다.

토성의 고리 너머로 보이는 지구

카시니 탐사선 가시광선

토성은 아름다운 고리로 인해 태양계에서 가장 쉽게 알아볼 수 있는 행성이다. 갈릴레오는 당시까지 알려져 있던 행성들 중 가장 먼 거리에 있던 이 행성의 양 측면에서 무엇인가를 발견했지만 그것이 무엇인지 알아보지는 못했다. 1655년 네덜란드의 천문학자 크리스티안 하위헌스가 처음으로 토성을 둘러싸고 원반이라고 기술했으며, 이탈리아계 프랑스 천문학자인 지오반노 카시니는 고리들 사이에

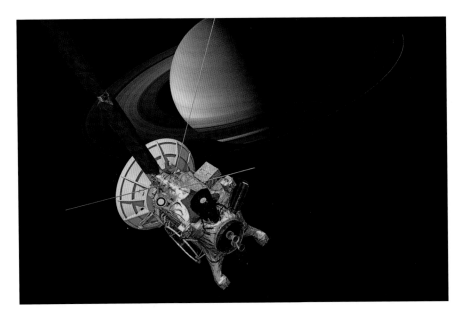

위 예술가가 그린 카시니 우주선이 토성에 접근하는 상상도

왼쪽 위 토성에서 카시니 탐사선이 바라본 지구

왼쪽 아래 수성 거리에서 메신저호가 바라본 지구와 달

간극이 있다는 것을 발견했다. 훗날 이 간극들 중에서 가장 넓은 간극을 카시니 간극이라 부르게 되었다.

고리의 본질이 정확히 무엇인지는 수십 년 동안 수수께끼로 남아 있었다. 1859년 영국의 물리학자 제임스 클락 맥스웰이 고리가 고체 원반이 아닐 것이며, 만약 그랬다면 부서지게 될 것임을 수학적 논리로 증명했다. 또한 고리는 셀 수 없이 많은 작은 입자들로 이루어져 각각 독립적으로 행성 주위를 돌고 있을 것이라고 주장했다. 그의 주장은 옳다는 것이 증명되었다.

카시니 탐사선은 1997년 NASA에서 발사하여 2004년 중반에 토성에 도착했다. 그 이후, 카시니호는 토성 주위를 선회하면서 토성과 고리, 그리고 토성 주위의 많은 위성들에 대한 매우 상세한 사진들을 지구로 보내오고 있다.

여기 보이는 사진들은 각각 카시니호(왼쪽 위)와 메신저호(왼쪽 아래)가 촬영한 것으로 지구와 달의 모습이 보인다. 메신저('MESSENGER'라는 영어 단어는 수성 표면의 ME, 우주 환경의 EN, 지질화학의 GE, 범위의 R의 앞 글자들을 따서 만든 조어이다.)호는 2011년과 2015년 사이에 수성을 탐사했다.

카시니호가 촬영한 사진은 광각 카메라로 포착하여 토성의 고리와 우리의 행성인 지구와 달이 같은 프레임 안에 담겨 있다. 이 사진에서 14.4억 km 너머에 있는 지구는 오른쪽 아래에 푸른 점으로 보인다. 달은 그 위쪽에 더 희미하게 돌출되어 보인다. 다른 밝은 점들은 가까운 별들이다.

엔켈라두스의 간헐천

카시니 탐사선 가시광선

엄청난 물기둥이 토성의 위성인 엔켈라두스의 표면에서 우주 공간으로 솟구치고 있다. 이 간헐천 같은 제트는 2005년에 카시니 우주탐사선에 의해 발견되었는데, 이 위성의 남극 근처에 있는 한 지역으로부터 나오는 것으로 얼음같이 찬 화산에서 터져 나오는 것이다. 이 화산에서는 용융된 암석이 아니라 물, 암모니아, 메탄과 같은 휘발성 물질이 분출된다. 100개가 넘는 간헐천이 발견되었으며, 분출되는 물질의 주요 성분은 물이다. 분출기둥 속에서는 염화나트륨과 얼음 입자가 포함된 고형의 휘발성 물질도 방출된다. 매초마다 대략 200kg의 물질이 방출되는 것으로 추산되는데, 물의 일부는 엔켈라두스 표면에 눈처럼 떨어지고 있다. 그러나 분출된 물질들의 대부분은 엔켈라두스를 벗어나서 토성의 E 고리를 생성하는 주요 물질이 된다.

1789년 윌리엄 허셜이 발견한 엔켈라두스는 1980년대 초에 두 대의 보이저

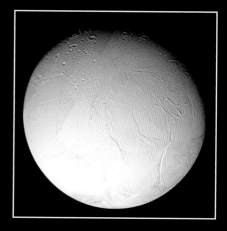

위 카시니 탐사선에서 촬영한 엔켈라두스

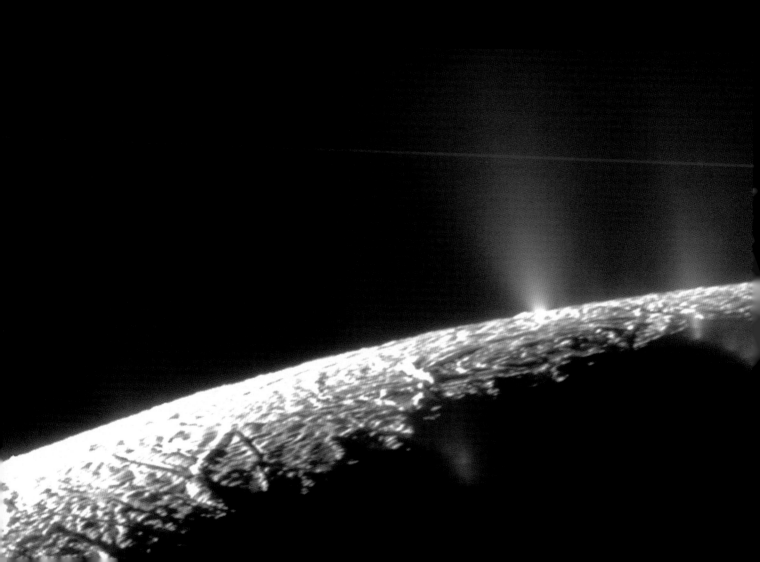

탐사선이 토성을 지나갔음에도 알려진 것이 거의 없었다. 카시니 우주탐사선은 2005년부터 여러 차례 엔켈라두스에 접근하여 그 표면을 보다 상세히 조사했다. 엔켈라두스는 토성의 위성들 중에서 6번째 큰 위성이며 직경은 약 500km로 토성의 가장 큰 위성인 타이탄의 1/10 정도이다(41페이지 참조). 물기둥에서 얼음 형태로 위성에 다시 떨어지기 때문에 표면은 신선하고, 깨끗한 얼음으로 덮여 있어서 표면 위로 쏟아지는 태양빛의 대부분을 반사시킨다. 카시니호는 엔켈라두스에 밖으로 빠져나가는 내부의 열원이 있음을 발견했는데 내부 열원의 근원은 목성의 위성 이오처럼(36페이지 참조) 조석열이다. 남극 근처의 지역에는 충돌 크레이터들이 매우 드물게 발견되는데, 이러한 사실과 내부 열원의 존재는 엔켈라두스가 지질학적으로 활동적임을 보여준다.

2014년에 NASA는 카시니호가 이 위성의 남극 근처의 표면 아래 액체의 물로 이루어진 바다가 있다는 증거를 발견했다고 발표했다. 이 바다의 깊이는 약 10km 정도로 계산되어, 엔켈라두스는 태양계에서 지구 이외에 생명이 온상이 될 수 있는 또 다른 주요 후보로 꼽히게 되었다.

히페리온

카시니 탐사선 가시광선

　1848년에 발견된 히페리온은 토성의 위성들 중 하나이며, 불규칙한 모습과 혼란스런 자전, 스펀지처럼 보이는 이상한 외형으로 유명하다. 이 위성의 이름은 그리스 신화에 등장하는 가이아와 우라노스 사이에 태어난 12명의 자식들 중 하나인 히페리온에서 유래했다. 히페리온은 첫 번째로 발견된 구형이 아닌 위성으로, 크기가 약 360km×266km×205km로 측정된다. 이보다 더 크면서 불규칙한 모습을 하고 있는 위성은 해왕성의 프로테우스뿐이다.

　보이저 2호는 1981년에 히페리온을 촬영한 적이 있지만, 먼 거리에 있었다. 카시니 탐사선이 촬영한 초기 사진들은 히페리온의 특이한 모습을 짐작하게 했다. 2005년 9월에 카시니호가 표적 탐사를 수행하기 전까지는 어느 정도로 이상한지 정확히 알 수 없었지만 2011년 8월, 2011년 9월, 2015년 5월 세 차례에 걸쳐 히페리온에 접근하며 얻어진 상세한 사진으로, 특이한 스펀지 모양이 그 모습을 보였다.

　카시니호가 측정한 바에 따르면 히페리온의 약 40%는 빈 공간인 것으로 보인다. 날카로운 모서리를 가진 깊은 크레이터로 뒤덮여 있으며 각 크레이터의 바닥은 어두운 물질로 이루어져 있었다. 이는 위성의 표면중력이 약할 때는, 충돌하는 물질들이 표면을 파내지 않고 주로 압축되며, 대부분의 물질들은 표면에서 날아가 다시 돌아오지 않음을 의미하며 이것이 스펀지처럼 보이는 외관이 형성되는 원인으로 여겨진다. 또한 대부분이 물의 얼음으로 이루어져 있고 암석이 거의 없는 것으로 알려져 있다. 토성의 가장 큰 위성인 타이탄이 가까이 근접해 있는 것이 불규칙적인 자전의 원인 중 하나로 보인다.

　카시니 탐사선에서 본 히페리온은 토성의 가장 이상한 위성 중 하나다. 거대한 스펀지를 닮은 이유를 설명하는 이론은 히페리온이 밀도가 낮고 매우 다공성이 커서 충돌이 일어나면 표면이 압축된다는 것이다.

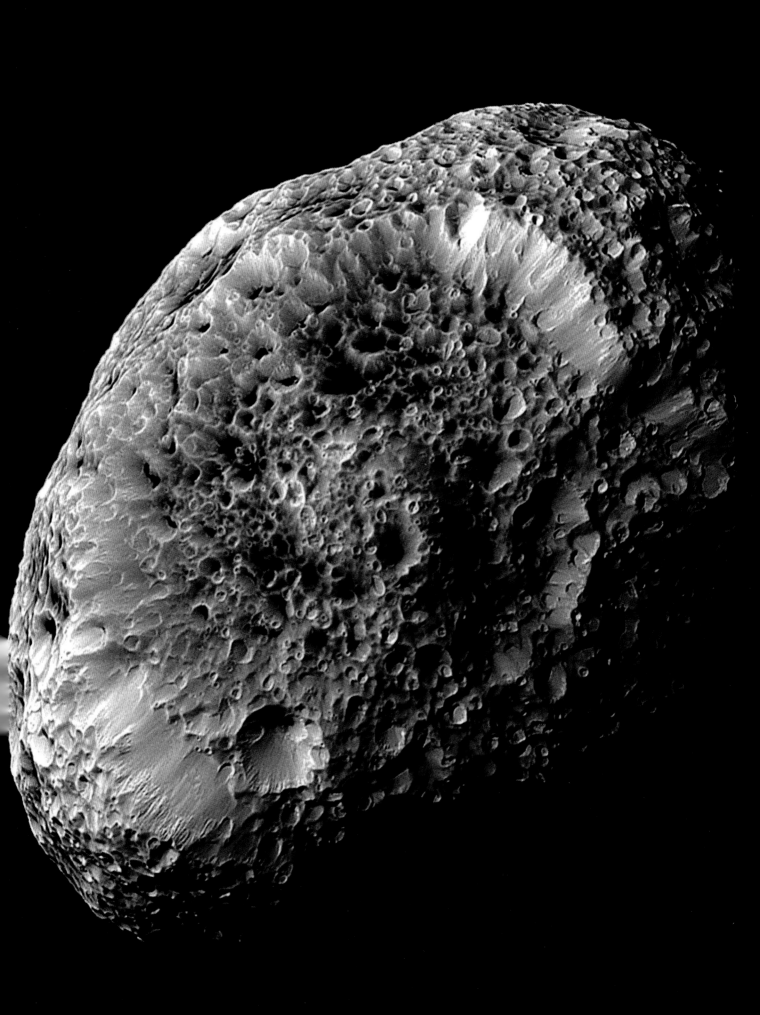

보이저 2호가 본 해왕성

보이저 2호 가시광선

1989년 8월, 보이저 2호 우주탐사선이 태양계의 마지막 목적지인 해왕성에 도착했다. 해왕성은 1846년에 뉴턴의 중력방정식과 수학의 힘을 빌려서 발견되었다.

1781년에 천왕성이 발견된 이후, 수십 년 동안 천문학자들은 그 궤도를 상당히 자세하게 연구해왔다. 1821년에 알레시 부봐르는 태양으로부터의 거리를 기초로 하여 천왕성 궤도에 대한 상세한 표를 출판했다. 그러나 이어지는 관측에서 천왕성이 있어야 할 곳에 없고 예측 위치에서 몇 도 정도 떨어진 곳에 있는 것으로 보였다. 다시 말하면, 천왕성은 예측된 궤도를 따라 돌고 있지 않았다.

태양계의 모든 행성은 태양 주위를 돌고 있지만, 그들의 궤도는 다른 행성들의 중력효과에 의해 영향받는다. 천왕성이 있는 위치에서, 그 궤도에 가장 크게 영향을 미치는 두 행성은 토성과 태양계에서 가장 큰 행성인 목성이다. 그러나 토성과 목성의 중력이 미치는 영향을 고려하더라도 천왕성은 여전히 불규칙한 궤도를 보이고 있었다. 보봐르는 천왕성의 궤도는 미지의 또 다른 행성의 영향을 받고 있다고 제안했다.

영국의 존 쿠치 애덤스와 프랑스의 위르뱅 르베리에가 각각 이 가상 행성의 위치계산에 착수해 계산결과를 캠브리지와 베를린 천문대로 보냈지만 1846년 11월에 베를린 천문대의 요한 갈레가 새로운 행성을 발견하여 승자가 되면서 해왕성이라고 이름 붙였다.

왼쪽 위 해왕성의 구름. 보이저 2호가 가장 가까이 접근하기 2시간 전에 촬영.

왼쪽 아래 해왕성과 트리톤(아래). 보이저 2호가 해왕성 근접 통과 3일 후 촬영.

 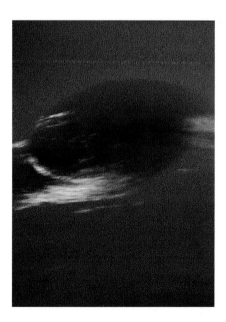

왼쪽 보이저 2호가 촬영한 해왕성의 고리. 눈부신 밝은 빛은 해왕성에서 반사된 빛이 과다 노출되어 생겼다

오른쪽 보이저 2호가 1989년에 해왕성 옆을 지나갈 때, 가장 놀라운 발견의 하나는 해왕성에도 목성의 대적점에 견줄만한 크기의 대암점(회전하는 폭풍)이 있다는 것이었다. 1995년에 허블 우주망원경으로 관측했을 때 대암점은 사라지고 없었으나, 행성의 북반구에 유사한 점이 있었다.

트리톤의 모자이크 사진. 아래쪽에 있는 밝은 분홍빛의 남극관은 질소와 메탄의 얼음으로, 질소 가스 간헐천이 남긴 먼지 침전물로 얼룩져 있다. 그 위쪽의 대체로 더 어두운 지역은 트리톤의 '칸탈루프' 지형을 포함한다. '칸탈루프 지형'이란 명칭은 칸탈루프 멜론 껍질과 유사하다 하여 붙여진 이름이다. 다른 어두운 부분은 얼음화산과 판구조에 기인한다. 아래 오른쪽 가장자리 가까이에는 여러 개의 어두운 점(이상한 점)들이 있다.

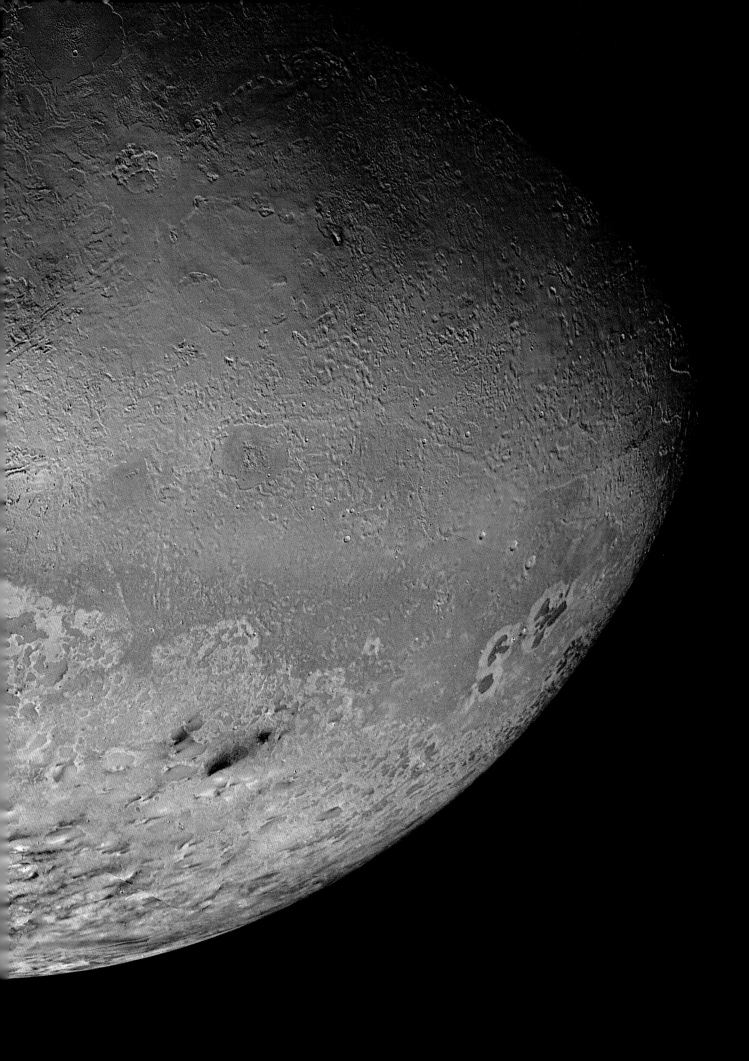

왜소 행성 명왕성

뉴호라이즌 탐사선 가시광선

뉴호라이즌 우주탐사선은 2006년 1월에 지구를 떠나 명왕성을 탐사하기 위한 9년간의 장도에 올랐다. 뉴호라이즌호가 발사될 당시에는 명왕성은 태양계의 9번째이자 가장 바깥쪽에 있는 행성으로 분류되고 있었다. 그러나 같은 해 8월, 국제천문연맹IAU은 명왕성을 왜소 행성으로 재분류하면서 상황이 바뀌었다.

1930년 아리조나주 플래그스태프에 있는 로웰 천문대에서 일하던 클라이드 톰보가 명왕성을 발견했다. 수백 장의 밤하늘 사진을 비교하던 톰보는 아주 작은 빛이 두 사진 사이로 움직이는 것을 발견했고, 천문학계에서 새로운 행성으로 인정받으며 명왕성이란 이름을 붙였다.

1950년대에 행성천문학자 제라드 카이퍼는 단주기 혜성은 명왕성 궤도 바로 너머에 있는 얼어붙은 천체들의 근원지에서 온다고 주장했다. 이 근원지는 카이퍼벨트로 불린다. 1990년대에는 천문학자들이 카이퍼벨트 천체들을 하나 둘 발견하기 시작했는데, 대부분의 천체는 명왕성 정도의 크기였다. 이런 천체들의 발견은 명왕성이 행성인지 아닌지에 대한 논쟁을 불러일으켰다.

2005년에는 에리스가 발견되면서 카이퍼벨트의 천체가 명왕성보다도 질량이 더 크다는 사실이 밝혀졌다. 이듬해 IAU는 명왕성을 다른 카이퍼벨트 천체나 소행성과 같이 소행성으로 재분류하는 투표를 진행했다.

9년간의 여행 끝에, 명왕성에 도달한 뉴호라이즌호는 2015년 7월 14일에 명왕성 표면으로부터 12,600km까지 접근한 후 명왕성과 다섯 위성의 표면을 촬영한 가장 상세한 사진을 보내왔다.

아래 뉴호라이즌호 발사 전 매스컴 행사에 대비하여, 케네디 우주센터의 페이로드 위험 서비스 시설(PHSF)의 클린룸 안에서 기술자들이 뉴호라이즌 우주선을 준비하고 있다.

위 뉴호라이즌호가 촬영한 명왕성 표면의 고해
상도 사진. 주로 얼음덩어리로 이루어져 있다고
여겨졌던 산악지대와 알 이드리시 산이 보인다.
오른쪽에는 스푸트니크 평원이라 알려진 하트
모양을 이루는 얼음 평원이 있다.

아래 2015년 7월 14일 뉴호라이즌호가 가장 근
접한 거리에서 찍은 명왕성의 가장 큰 위성 카
론의 고해상도 사진. 위쪽에 모르도르 마큘라로
별칭되는 어둡고 신비한 북극 지역이 보인다.

2015년 4월에서 7월까지 뉴호라이즌호가 명왕성에 접근하며 촬영한 사진

명왕성과 카론의 첫 번째 컬러 사진.
2015년 4월 14일.

명왕성으로부터 7,500만 km.
2015년 5월 12일.

명왕성으로부터 5,050만 km.
2015년 6월 2일.

표면이 보이기 시작.
2015년 6월 15일.

명왕성으로부터 1,350 만 km.
2015년 7월 3일.

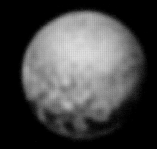

명왕성의 컬러 버전.
2015년 7월 3일.

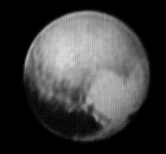

명왕성 표면에 보이는 하트.
2015년 7월 7일.

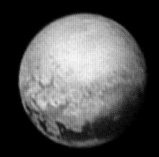

지질의 증거.
2015년 7월 10일.

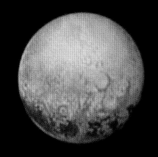

카론을 향하고 있는 반구의 마지막
사진.
2015년 7월 11일.

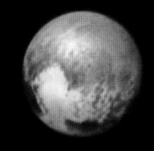

위색으로 표현한 명왕성과 카론,
2015년 7월 13일.

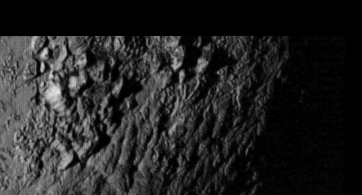

명왕성에 최근접하기 전에 보낸 마
지막 사진.
2015년 7월 13일.

명왕성의 하트 모양의 기저에서 시
작해 얼어붙은 표면 위로 3,500m
높이로 치솟은 봉우리들이 산맥을
형성하고 있다.
2015년 7월 15일

국제우주정거장^{ISS}에서 본 러브조이 혜성

디지털 일안 빈사식 카메라(DSLR 카메라) 가시광선

러브조이 혜성, 좀 더 정확하게 말하면 C/2011 W3로 알려져 있는 혜성은 2011년 12월 16일 태양의 코로나를 통과해서 지나갔다. 놀랍게도 혜성은 통과 후 처음 모습 그대로 나타났다. 비록 그 구조가 태양 가까이를 지나가면서 크게 바뀌기는 했지만. 여기 실린 놀라운 사진은 국제우주정거장(ISS)에서 댄 버뱅크라는 천문학자가 2011년에 촬영한 것으로, 러브조이 혜성이 태양으로 접근하는 모습이다.

장주기 혜성인 러브조이 혜성은 태양 주위를 공전하는데 꼬박 600년이라는 시간이 걸린다. 오스트레일리아의 아마추어 천문학자인 테리 러브조이가 2011년 11월 말에 20cm 망원경과 전하결합소자(CCD)라고 알려진 민감한 디지털 카메라를 사용하여 발견한 세 번째 혜성이다. 그 후로도 그는 두 개를 더 발견했다. 따라서 우리가 이 특별한 혜성을 이야기하고 있음을 확실히 하기 위해 C/2011 W3을 명시할 필요가 있다. C/2011 W3는 12월 1일에 독립적으로 검증되었고, 40년 만에 지상 망원경으로는 처음으로 발견된 선그레이징 혜성(역자 주: 근일점에서 태양에 극히 가깝게 통과하는 혜성을 말한다)이다.

C/2011 W3 혜성은 태양을 스쳐지나가며 핵의 상당 부분을 잃었을 것으로 추측된다. 태양의 코로나를 지나기 전에, 혜성의 핵은 500m로 추정되었으나, 그 후에 100~200m로 줄어들었다.

12월 19일 코로나를 지나고 3일 후, 먼지의 큰 폭발이 관찰되었다. 태양의 코로나를 지나도 생존한 것으로 보이나, 천문학자들은 시간이 지나면 혜성이 부서져 완전히 없어질 것이라고 믿는다. 그렇지 않다면, 2633년쯤에 다시 돌아올 것으로 추정된다.

왼쪽 댄 버뱅크 사령관이 지구 지평선으로부터 380km 떨어진 상공에 있는 국제우주정거장(ISS)에서 이 멋진 러브조이 혜성의 사진을 촬영했다.

67P 혜성과 로제타 미션

로제타 미션 　가시광선

2004년 3월 유럽우주국(ESA)은 대담하게 혜성 착륙을 목표로 설정한 우주탐사선을 발사했다. 그로부터 10여 년이 지난 후인 2014년 11월 마침내 필레 착륙선이 성공적으로 67P 혜성에 착륙했다. 이는 최초로 성공한 수많은 우주탐험 중에서도 엄청난 성공을 거둔 미션의 하나로 이름을 올리게 되었다. 67P 혜성의 정식 이름은 67P/추류모프-게라시멘코인데, 1969년에 이 혜성을 발견한 두 소련 천문학자의 이름을 딴 것이다. 67P는 단주기 혜성의 하나로, 카이퍼벨트에서 기원했으며 현재 주기는 6.5년에 약간 못 미친다.

로제타 탐사선은 중력의 도움을 받기 위하여 2007년 2월에 화성을 지나가면서 화성의 운동량을 이용하여 속력을 높였다. 태양전지판이 태양으로부터 너무 멀리 떨어져 있어서 지속적인 전력 공급을 위해 탐사선은 2008년 9월과 2010년 7월 두 차례에 걸쳐 소행성들을 근접통과한 후, 동면상태로 들어갔다. 배터리 동력을 보존하기 위한 31개월 동안의 동면이 끝난 후 로제타 탐사선은 2014년 1월에 성공적으로 다시 깨어나, 67P 혜성으로 접근했다.

2014년 8월에 혜성에 도달한 로제타호는 핵으로부터 약 30km 떨어진 궤도로 들어가 고해상도 사진들을 찍었다. 2015년 8월 태양에 가까워지면서도 계속해서 67P 주변 궤도를 돈 로제타호의 가장 중대한 발견 중 하나는 물의 구성성분이 지구의 물과 근본적으로 달라서 67P의 구성 성분과 같은 혜성이 우리 행성으로 물을 가져왔다고 생각하기 힘들다는 것이다.

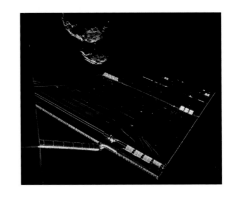

위 혜성 67P 표면에서부터 16km 떨어진 곳에서 로제타가 셀프카메라를 찍었다. 사진의 위쪽에는 혜성의 이중 잎 모양의 핵에서부터 나온 먼지와 기류 분무기가 로제타의 14m 길이의 태양전지판의 태양광선을 반사시킨다.

아래 유럽우주국(ESA)의 로제타 탐사선은 2014년 8월에 67P 혜성에 도착 했다.

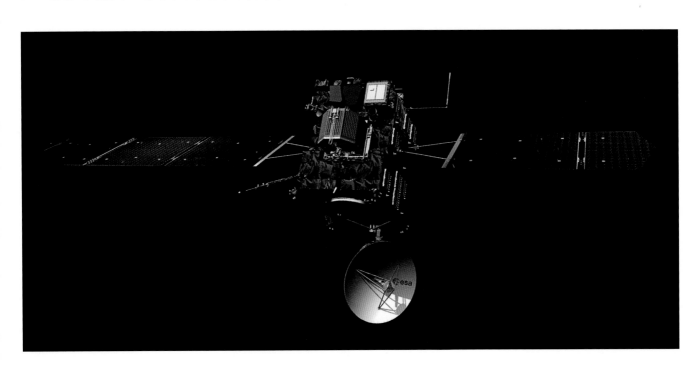

필레 착륙선

로제타 미션과 필레 착륙선 가시광선

2014년 11월 12일 필레[Philae] 착륙선은 성공적으로 혜성의 핵에 착륙한 최초의 우주 탐사선이 되었다. 놀라운 10년간의 여행 끝에 유럽우주국[ESA]의 로제타 미션은 작은 탐사기를 목표물인 혜성 67P쪽으로 떨어뜨렸다. 로제타가 촬영한 오른쪽 사진은 필레가 우주의 어둠을 뚫고 착륙지점을 향해 25km 정도 내려간 모습이다. 그러나 혜성의 중력이 매우 약해 필레는 표면에 닿은 후 약 1km의 고도로 튕겨 오르는 등 두 번 튕겨 오른 후 마침내 멈추게 되었다.

불행히도, 이 두 번의 튕김으로 인해 필레는 손상되지는 않았지만 인근의 절벽이나 크레이터 벽의 그늘에 내려앉아서 충분한 태양빛을 받지 못하게 되었다. 그래서 탑재된 태양열 집열판으로 연결된 착륙선의 2차 충전 배터리(아래)에 전력을 공급하지 못하게 되었다. 약 60시간 지속되도록 설계된 기본 배터리는 11월 15일에 접촉이 끊어졌다. 67P가 태양에 접근하면서 필레 착륙선은 2015년 6월 19일에 연락이 재개되어 몇 주 동안 간헐적인 접속이 이루어지지만 슬프게도 7월 9일에 다시 중단되었다.

필레가 착륙한 후 짧은 기간 동안 몇 가지 중요한 실험을 수행할 수 있었다. 67P 표면에서 발견된 16종의 유기 화합물 중 4종은 혜성에서 최초로 발견된 것이다.

비록 문제가 발생하기는 했지만, 로제타 미션과 필레 착륙선은 목표를 달성했고 혜성에 대한 우리의 이해를 높여주었다.

위 로제타가 촬영한 67P 혜성을 향해 하강하고 있는 필레의 모습.

오른쪽 혜성 표면에서 분출되고 있는 극적인 제트. 2015년 8월 12일에 로제타의 협각 카메라가 포착했다.

제2부

은하수 탐험

수천 년 동안 밤하늘을 가로지르는 희미한 빛의 띠는 사람들의 마음을 사로잡아왔다. 육안으로 보기에 은하수는 별들이 굽이쳐 흐르는 하얀 길처럼 보인다. 이 길의 실체를 처음으로 알아차린 사람은 갈릴레오 갈릴레이였다. 그는 망원경을 사용하여 이 빛의 띠는 수많은 별들로 이루어져 있지만, 너무 멀리 있어서 육안으로는 개개의 별들이 구별되지 않는다는 사실을 알았다. 은하수는 수많은 별들의 집단이지만, 은하수의 실제 크기가 얼마인지 그 안에서 우리는 어디쯤 있는지 20세기까지 미스터리로 남아 있었다.

우리 은하수가 오랫동안 풀리지 않는 미스터리로 남아 있던 이유 중 하나는 제2부에서 보여줄 가시광선 사진에서 풀리게 된다. 별들 사이의 공간은 비어 있지 않으며, 오히려 그 반대로 가스와 먼지로 채워져 있다. 먼지는 별빛을 효과적으로 흡수하여, 우리가 어떤 방향으로 멀리 바라보는 것을 제한하고 있다. 별빛이 먼지에 흡수되어 어느 방향으로 바라보던 은하수 띠에는 비슷한 숫자의 별들이 보이기 때문에, 많은 천문학자들에게 우리가 그 중심에 있다는 잘못된 결론을 내리게 했다. 이러한 생각은 하늘에 있는 구상성단들이 비대칭적인 분포를 이루고 있는 것은 우리가 중심에 있는 것이 아니라 은하 원반 바깥에 있다는 증거라고 주장하는 사람들에게 반박되었다.

수세기 동안 천문학자들은 은하수를 오직 가시광선, 다시 말해 우리 눈에 아주 민감한 전자기 스펙트럼의 좁은 영역을 통해서만 탐사할 수 있었다. 그런데 1930년대에 칼 잰스키는 우연히 궁수자리방향에서 방출되는 라디오파를 감지했다. 1950년대에 전파 천문학 분야가 탄생했고, 뒤를 이어 전자기 스펙트럼의 모든 영역, 다시 말해 고에너지 감마선에서부터 저에너지 라디오파에 이르기까지 모든 스펙트럼 영역을 다루는 천문학 분야가 탄생했다. 지구 너머에서 오는 감마선이나 X-선, 자외선을 관측하려면 우리는 우주로 나가야 한다. 왜냐하면 이 파장대의 전자기파는 우리 대기의 오존층을 통과하지 못하므로 지상에서는 관측되지 않기 때문이다. 여기에 보이는 대부분의 X-선 사진은 NASA의 가장 최신 X-선 망원경이나 찬드라 X 우주망원경으로 촬영된 것이다. 이 짧은 파장의 전자기파들은 은하 안에서 일어나는 가장 역동적인 과정, 예를 들면 별의 폭발과 블랙홀의 형성과 같은 격렬한 과정을 볼 수 있게 해준다.

적외선과 마이크로파도 지구 대기에 의해 흡수되는데, 이 경우에는 특히 수증기가 크게 작용한다. 여기에 보인 많은 적외선 사진은 NASA의 스피처우주망원경과 유럽우주국(ESA)의 허셜우주망원경으로 촬영한 것이다. 이와 같은 적외선 우주망원경 없이는 별이 형성되는 지역을 완전히 둘러싸고 있는 가스와 먼지 구름을 뚫고 들어가서 관측하는 것이 불가능하다. 적외선은 또한 우리가 먼지층의 방해를 받지 않고 우리 은하수를 볼 수 있게 하는데, 이렇게 얻어진 사진은 중앙에 팽대부가 있고 별들이 은하 원반을 이루고 있음을 분명하게 보여준다. 그리고 우리 태양은 이 은하 원반의 바깥 1/3 지점에 위치하고 있다.

제2부에서 소개하는 사진들은 우리의 고향 은하수에 대한 우리의 이해가 다양한 파장으로 우주를 탐사할 수 있는 능력에 힘입어 대단히 진보해왔음을 보여준다. X-선은 찬드라 X 망원경으로, 가시광선은 허블우주망원경으로, 적외선은 스피처우주망원경으로 포착함으로써, 우리는 우리 은하계를 다파장으로 탐색할 수 있게 되었다. 이를 통해 우리는 진정으로 별의 탄생에서부터 죽음에 이르기까지 방대하고도 다양한 과정을 이해할 수 있게 된다.

반대편 칼 잰스키와 그의 최초의 전파망원경인 '회전목마' 안테나. 안테나가 돌아가면서 우리 은하계에서 오는 '쉬익' 소리를 감지하면 차트 위에 일련의 피크 신호를 기록했다.

지평선에서 지평선까지 하늘을 가로질러 뻗어 있는 빛의 띠가 사실은 수많은 별들로 이루어져 있다는 사실을 처음 알아챈 사람은 갈릴레오였다. 작은 망원경을 통해서도 은하수를 구성하는 별들을 볼 수 있지만, 우리 은하수의 장엄함과 그 안에서의 우리의 위치를 알아볼 수 있기까지 수백 년이 넘게 걸렸다.

20세기는 우리에게 전자기 스펙트럼의 전 영역에서 하늘을 관측할 수 있도록 개방했다. 우리 눈으로 감지할 수 있는 가시광선은 최저 에너지를 갖는 라디오파에서부터 가장 큰 에너지를 갖는 감마선까지 전체 전자기 스펙트럼의 아주 작은 일부분에 지나지 않는다. X-선과 자외선 그리고 적외선과 마이크로파는 이 두 극단 사이에 위치한다. 전자기 스펙트럼의 각 부분은 우리에게 우리 은하수에 관

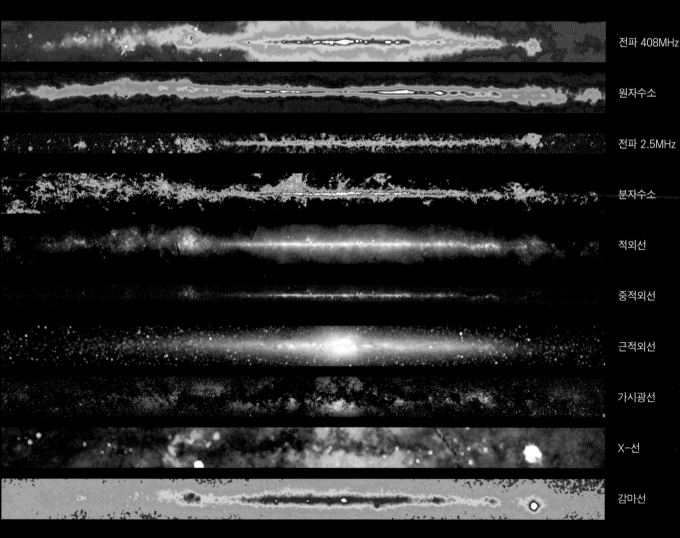

전파 408MHz

원자수소

전파 2.5MHz

분자수소

적외선

중적외선

근적외선

가시광선

X-선

감마선

한 다른 것들, 다시 말해 다른 에너지에서 방출되는 다른 물리적 과정에 대한 이야기를 들려준다.

라디오파로는 중성원자로 이루어진 수소 가스나 분자 상태의 수소가스로부터 방출되는 빛을 볼 수 있고, 또한 초신성 폭발로 가속되어 고속으로 움직이는 전자로부터 방출되는 빛을 볼 수 있다. 적외선으로는 먼지와 온도가 낮은 별에서 방출되는 빛을, X-선으로는 수백만 도로 뜨거워진 가스에서 방출되는 빛을 볼 수 있다. 가장 높은 에너지 영역은 중성자별들과 블랙홀이 합체되거나 우주선의 충돌로 방출되는 빛이다. 은하수는 우리 조상들이 상상했던 것보다 훨씬 더 복잡하고 훨씬 더 흥미진진한 곳이다.

아래 2MASS(2마이크론 전 하늘 탐사)가 보여주는 은하수의 중심 부분. 북반구의 아리조나 주에 있는 홉킨스 산 천문대와 남반구 칠레의 세로 톨로로 미대륙 천문대(CTIO)의 관측자료를 이용 했다.

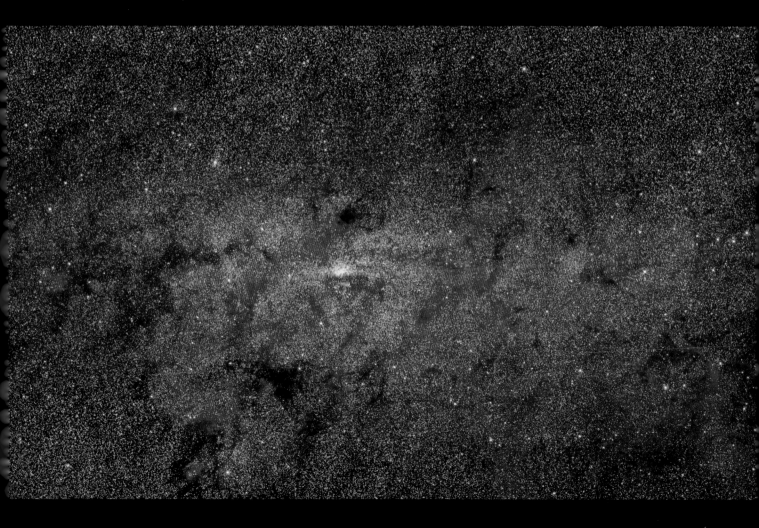

스피처가 본 은하수

스피처우주망원경 적외선

　우리 은하계의 은하면 사진 중 가장 상세한 적외선 이미지는 스피처우주망원경에 장착된 다양한 카메라로 촬영한 80만 장이 넘는 조각 사진을 한데 모은 것이다. 아래의 사진은 이렇게 작성된 거대한 이미지의 중심 부분으로 하늘의 8° 범위(대략 보름달 직경의 6배)를 나타낸 것이며, 사진 가운데에 은하계 중심이 있다. 전체 은하면의 완전한 모자이크는 이보다 15배 넓은 120° 범위에 해당한다. 이 이미지에서 보이는 것들의 대부분은 가시광선으로 보면 우리 은하수 안에 있는 가스와 먼지로 인해 우리 시야에서 가려져 있다.

　유사 칼라로 나타낸 이 사진은 은하면을 구성하는 세 가지 다른 성분을 강조해서 보여준다. 푸른 점들은 우리 은하수에 있는 개개의 별들이다. 이들 중 많은 것들은 가시광선으로는 보이지 않는데, 어떤 것들은 가스나 먼지에 가려져 있고 또 다른 것들은 온도가 너무 낮아서 가시광선을 방출하지 않기 때문이다. 붉은색으로 나타낸 것은 큰 흑연 먼지 입자들에서 방출되는 빛으로, 별 형성 지역과 관련이 있으며 별들 사이에 있는 가스와 혼합되어 있다.

　초록색으로 나타낸 것은 다른 유형의 먼지에서 방출되는 빛으로, 아주 작은 먼지 미립자는 다환 방향족 탄화수소[PAHs]로 알려져 있다. 이런 탄산염 먼지 입자들은 지구에도 상당히 흔하며 불완전 연소에서 생성되는 거무스름한 생성물이다. 우주에서는 이들이 은하계 전체에 퍼져 있으며, 긴 필라멘트 안에 있는 중앙-평면 위로 떠오르기도 한다.

오른쪽 은하수의 모자이크. 초록 빛의 필라멘트는 별 형성 영역이고, 붉은 지역은 먼지, 파란 작은 반점들은 개개의 별들이다.

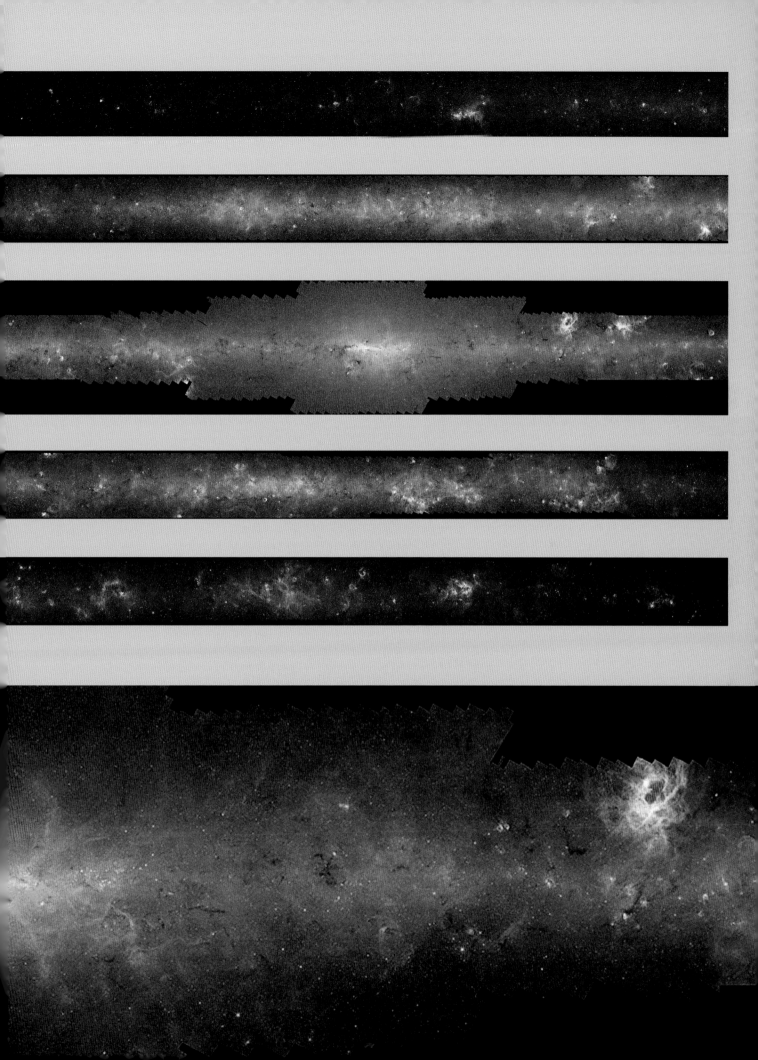

코비와 2MASS로 본 은하수

우주배경복사 탐사선과 2마이크론 전 하늘 탐사[2MASS] 적외선과 밀리미터 파

수세기 동안 우리 은하계의 팽대부와 은하 원반은 시야에서 가려진 채로 남아 있었다. 가시광선 파장대에서는 우리 은하수의 원반 속을 깊숙이 들여다볼 수 없는데, 새로 탄생하는 별들의 요람인 가스와 먼지 구름이 베일로 은하수의 구조를 들여다보는 것을 가리고 있기 때문이다. 이 베일은 1990년대 초기에 우주배경복사 탐사선[COBE]에 탑재된 적외선 카메라에 의해 벗겨져서, 우리 은하계의 중앙팽대부와 은하 원반의 놀라운 모습을 처음으로 알려주었다.

왼쪽 아래 사진은 DIRBE(Diffuse InfraRed Background Experiment, 확산 적외선 배경탐사)로 촬영했다. DIRBE의 주요 목적은 하늘 전체에서 방출되는 파장 $1.25 \sim 240 \mu m$ 범위의 분산된 적외선 하늘을 조사하는 것이다. 참고로 가시광선의 파장은 $0.4 \sim 0.7 \mu m$ 범위에 있다. 적외선으로 하늘을 관측할 때, DIRBE는 은하수 사진을 제공할 수 있다. 소방관들이 건물 안의 연기 사이를 꿰뚫어 보기 위해 적외선 카메라를 사용하듯 천문학자들도 적외선으로 은하계를 가리는 먼지를 통과하여 볼 수 있다.

이 사진은 1.25, 2.2, 3.5μm 파장으로 촬영된 자료를 합한 것으로, 각각의 파장은 푸른색, 녹색, 붉은색으로 나타냈다. 대부분의 복사선은 온도가 낮은 별에서 오는데, 이들은 이 세 가지 파장 영역 사진에서 흰색으로 보인다. 그러나 먼지들 역시 선명하게 드러나 원반 중심부를 가로질러 붉은색으로 나타난다. 심지어 이보다 더 긴 파장에서도 시야를 가리는 차폐현상을 일으키기도 한다.

위 2MASS로 본 밤하늘의 전경. 세 가지 적외선 파장으로 촬영한 것이다. 1.25마이크론 파장은 푸른색, 2.2마이크론은 녹색, 3.5 마이크론은 붉은색으로 각각 나타냈다. 오른쪽 아래의 흐릿한 부분은 대마젤란 은하이다.

왼쪽 NASA의 우주비행사인 리드 와이즈먼이 국제우주정거장(ISS)에서 이 사진을 촬영하여 2014년 9월 28일 소셜 미디어에 공개하며 다음과 같은 글을 올렸다.
"은하수가 사하라의 아름다움을 뺏어 지구가 오렌지 색으로 빛나게 만들었다"

오리온 성운

가시광 및 적외선 천문 탐사망원경^{VISTA} 적외선과 가시광선

메시에 42라는 이름으로도 알려져 있는 오리온 성운은 우리에게 가장 가까운 거대한 별 형성 지역으로, 지구로부터 약 1,350광년 떨어진 거리에 위치하고 있다. 오리온 성운은 충분히 가까이 있을 뿐 아니라 밝아서 육안으로도 알아볼 수 있다. 사냥꾼인 오리온이 차고 있는 칼에 해당하는 3개의 별들 중 한가운데 있는 별은 사실 별이 아니라, 이온화된 기체가 빛나고 있는 것인데 이것이 오리온 성운이다. 오리온 성운은 지구 가까이 있기 때문에 하늘에서 가장 많이 연구된 천체 중 하나이며, 전파에서부터 감마선에 이르기까지 전자기파 스펙트럼의 전 영역에 걸쳐 촬영되었다.

오리온 성운 가운데에는 트라페지움이라 불리는 네 개의 뜨겁고 질량이 큰 젊은 별들이 있어서, 주변의 가스를 이온화시켜 성운을 밝게 빛나게 만들고 있다. 이 별들은 온도가 매우 높아서 방대한 양의 자외선을 방출한다. 이와 같이 강력한 빛은 주변의 수소가스를 이온화시켜 마치 형광등 안에서 빛나는 이온화된 가스처럼 빛나게 만든다.

가시광선으로 본 보조 사진이 보여주는 것과 같은 특징적인 붉은색과 초록색 빛은 수소가스의 전자 에너지 준위 안에서 일어나는 특별한 전이로 인해 방출되는 것이다.

이 광시야 사진은 칠레에 있는 유럽남방천문대^{ESO}의 파라날 관측소에 있는 VISTA 적외선 탐사망원경으로 촬영되었다. 이 새로운 망원경은 전체 성운과 그 주변을 관찰할 수 있게 하며, 적외선 센서는 숨겨진 먼지 지역을 자세히 볼 수 있게 하고 더 안쪽에 있는 어린 별들이 드러나게 해준다.

적외선 사진에서 얼마나 많은 별들이 보이는지는 즉각적으로 확인 가능하다. 이는 우리가 적외선으로 좀 더 쉽게 성운 속의 가스를 통과해서 볼 수 있기 때문이고, 다른 한편으로는 어떤 별들은 너무 온도가 낮아서 가시광선을 방출할 수 없기 때문이기도 하다.

위 아키라 후지가 아마추어 지상망원경으로 촬영한 오리온자리 사진.

뒷면 허블우주망원경의 가시광선으로 본 오리온 성운

큰부리새자리의 다이아몬드

가시광 및 적외선 천문 탐사망원경^{VISTA} 적외선과 가시광선

   남반구 별자리인 큰부리새자리에서 다이아몬드처럼 눈부시게 빛나는 천체는 큰부리새자리 47번 별이다. 큰부리새자리 47번 별은 하나의 별이 아니라 전 하늘에서 가장 밝은 구상성단의 하나로, 수십만 개 이상의 별들이 벌집 안의 벌들처럼 서로를 둘러싸고 있는 거대한 별들의 무리이다. 이것이 성단이라는 사실은 1751년에 프랑스 천문학자인 니콜라-루이드 라카유에 의해 밝혀졌다.

   큰부리새자리 47은 충분히 밝아서 육안으로도 관측이 가능하다. 약 16,000광년 거리에 있으며, 성단의 지름은 약 120광년이고 질량은 태양 질량의 약 100만 배에 해당한다. 오른쪽 사진은 칠레 파라날 천문대에 있는 VISTA로 촬영한 것이며, 2013년에 발표되었다.

   구상성단은 수세기 동안 천문학자들을 매료시켜왔다. 미국 천문학자인 할로 섀플리는 20세기 초에 구상성단들이 하늘에 균일하게 퍼져 있지 않다는 사실을 알아냈다. 그보다는 우리가 궁수자리와 주변 별자리를 바라보는 하늘 방향으로 대부분 놓여 있었다. 그 당시에 많은 천문학자들이 태양이 은하수의 중심에 있다고 믿었으나, 섀플리는 구상성단의 분포를 이용하여 우리가 중심이 아닌 우리 은하계의 원반 바깥쪽에 있다고 주장했다.

   구상성단 별들에 대한 자세한 연구에 따르면, 이들은 모두 같은 나이이고 어떤 새로운 별들도 포함하지 않는다. 또한 우리 은하수의 팽대부 주위를 돌고 있으며 우리 은하계의 가장 오래된 천체들 중의 하나이다.

   구상성단을 연구하는 것은 우리 은하계가 어떻게 형성되었고 어떻게 현재 상태까지 진화해왔는지에 관한 중요한 단서를 제공한다.

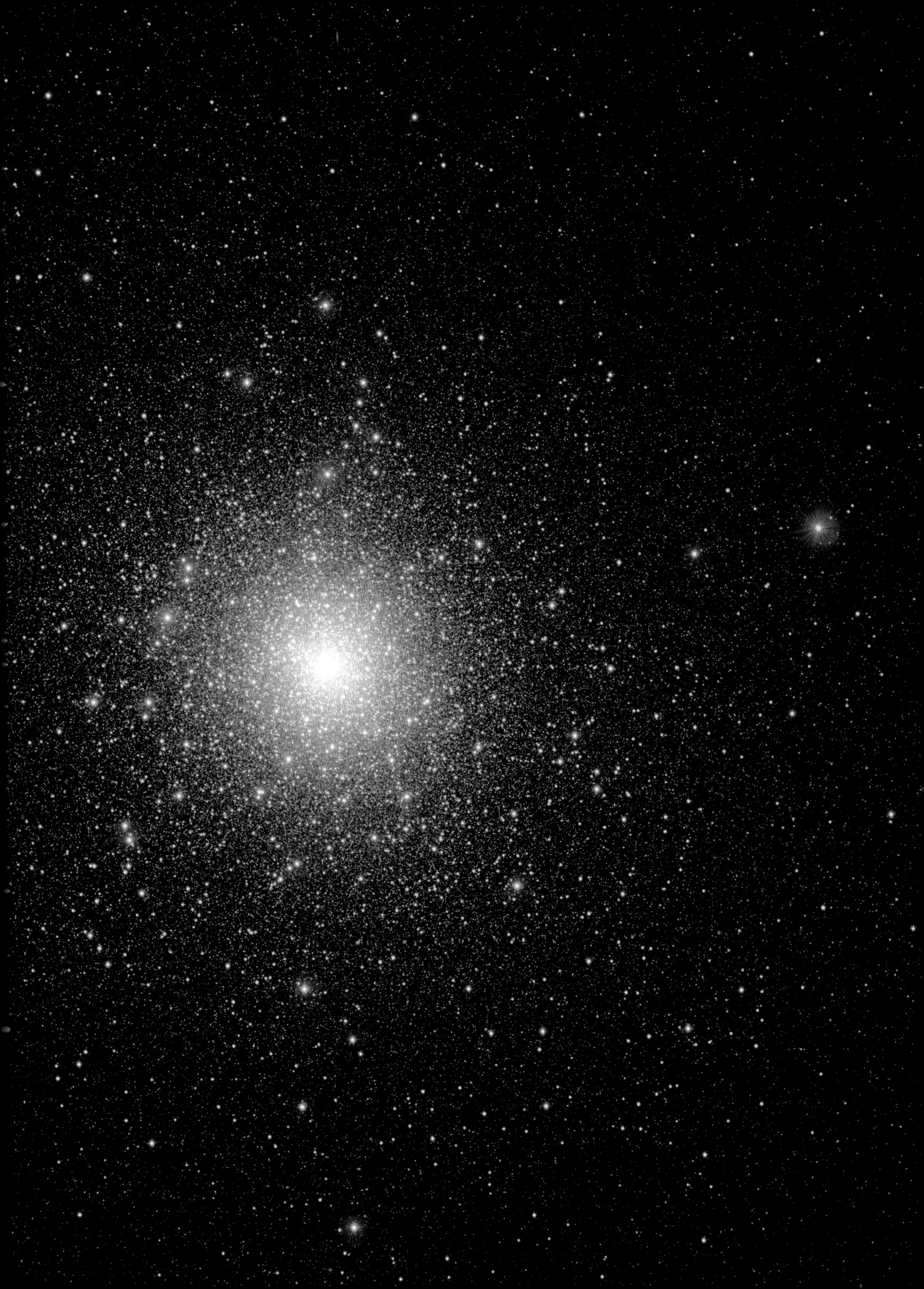

M78 반사성운

막스 플랑크 게젤샤프트 망원경   가시광선

이 아름다운 반사성운은 메시에 78 혹은 NGC 2068로 알려져 있다. 오리온자리 방향에서 찾을 수 있으며, NGC 2064, NGC 2067와 NGC 2017을 포함하는 성운 그룹에서 가장 밝다. 이 그룹은 오리온 분자운 복합체를 이루고 있으며, 지구에서 1,600광년 떨어진 곳에 위치한다. 피에르 메셍이 1780년에 발견한 메시에 78은 하늘에서 가장 밝고 가장 쉽게 발견할 수 있는 반사성운의 하나이다. 하늘에서 차지하는 각 크기와 거리를 기초로 하여 그 크기를 추산할 수 있는데, 지름은 약 5광년 정도로 계산된다.

우리가 이 가시광선 사진에서 볼 수 있는 성운상은 두 별들로부터 방출된 빛이 별들을 감싸고 있는 먼지와 가스 구름 안에 있는 먼지 알갱이들에 의해 반사되어 생겨난 것이다.

지구에서 볼 때 별들이 있는 쪽에 놓여 있는 구름의 일부분은 별빛을 반사시켜 빛나는 부분으로 사실상 구름이 별들을 감싸고 있더라도 성운상은 별들의 한쪽 면에만 나타난다. 푸른 빛은 녹색이나 붉은 빛보다 더 많이 반사되기 때문에 반사성운은 그것을 비추는 별들보다 훨씬 더 푸르게 보인다.

여기 실린 사진은 칠레에 있는 라 실라 천문대의 막스 플랑크 게젤샤프트 2.2m 망원경에 장착된 광시야 이미저^{Wide Field Imager} 카메라로 촬영되었다. 실제 색상은 붉은색, 초록색, 푸른색 필터를 통해 각각 독립적으로 오랫동안 노출시킨 영상을 합쳐서 만든 것이다. 여기에 부가적으로 이온화된 수소 가스로 방출되는 빛을 좁은 필터로 분리하여 덧붙였다.

원숭이머리 성운

스피처와 허블우주망원경 　적외선과 가시광선

NGC 2174로 더 잘 알려져 있는 원숭이머리 성운은 별 형성 지역 안에 있는 성운들이 원숭이의 얼굴을 닮아서 갖게 된 별칭이다. 그러나 가시광선 사진에서 볼 수 있는 모습(아래 사진)은 적외선으로 촬영되는 NASA의 스피처우주망원경 사진(왼쪽 사진)에서는 전혀 볼 수가 없다. 보다 파장이 긴 적외선으로 보면 가스와 먼지로 이루어진 성운은 좀 더 투명해져서 최근의 별 형성 지역을 좀 더 자세히 엿볼 수 있다.

NGC 2174는 지구로부터 약 6,400광년 떨어진 오리온자리의 북쪽에 있다. 뜨겁고 어린 별들은 활발한 자외선과 항성풍을 방출하여 그들을 형성한 가스와 먼지 구름을 증발시키거나 바깥으로 몰아낸다. 가시광선 파장에서는 이와 같은 빈터가 시야에서 숨겨져 있는 반면, 적외선에서는 볼 수 있을 뿐 아니라 그 원인이 되는 뜨겁고 젊은 별들도 볼 수 있다.

붉게 빛나는 점들은 다음 세대의 별들이 형성되는 지역으로, 신생별들은 가스와 먼지 이불에 단단히 싸여져 있다. 녹색 부분은 유기 먼지에서 방출되었으며, 푸른색은 먼지 중 가장 뜨거운 부분에서 방출되었다. 스피처에서 촬영된 이 사진은 세 가지 파장의 적외선으로 각각 촬영된 사진을 합해 놓은 것이다. 3.5μm 파장의 빛은 푸른색으로, 8μm 파장의 빛은 녹색, 24μm 파장의 빛은 붉은색으로 나타냈다(참고로 가시광선의 범위는 0.4~0.7μm이다).

아래 허블우주망원경의 가시광선으로 촬영한 원숭이머리 성운(NGC 2174)

말머리 성운

허셜우주망원경과 허블우주망원경   적외선

말머리 성운은 하늘에서 가장 유명한 천체 중 하나이다. 이 성운은 오리온 벨트를 이루는 세 개의 별들 중에서 동쪽으로 가장 멀리 있는 별인 알니타크 바로 남쪽에 위치한다. 아래 사진은 유럽우주국(ESA)의 허셜우주망원경과 허블우주망원경이 원적외선으로 촬영한 합성사진이다. 말머리는 사진의 오른쪽 끝에 작은 분홍색 실루엣으로 보인다.

이 성운의 이름은 말머리를 닮은 모습에서 유래되었고, 스코틀랜드 천문학자인 윌리엄 플레밍이 1888년 하버드 천문대의 사진 건판에서 촬영된 사진에서 처음 발견했다. 말머리 성운은 암흑성운의 대표적인 예로, 구름에서 확장된 먼지와 가스의 두꺼운 구름은 그 뒤에서 오는 별빛과 빛나는 가스에서 오는 빛을 가

오른쪽 말머리 성운은 근적외선 파장에서 허블에 장착된 광시야 카메라 3(Wide Field Camera 3)로 촬영되었다. 이 사진 너머에 위치한 육중한 별 무리에서 오는 거대한 항성풍에 의해 두꺼운 가스와 먼지 기둥이 만들어졌다. 성운의 왼쪽 위 가장자리에 있는 밝은 부분은 젊은 별로, 복사선을 내뿜어 그를 둘러싸고 있는 성간 물질을 침식시키고 있다.

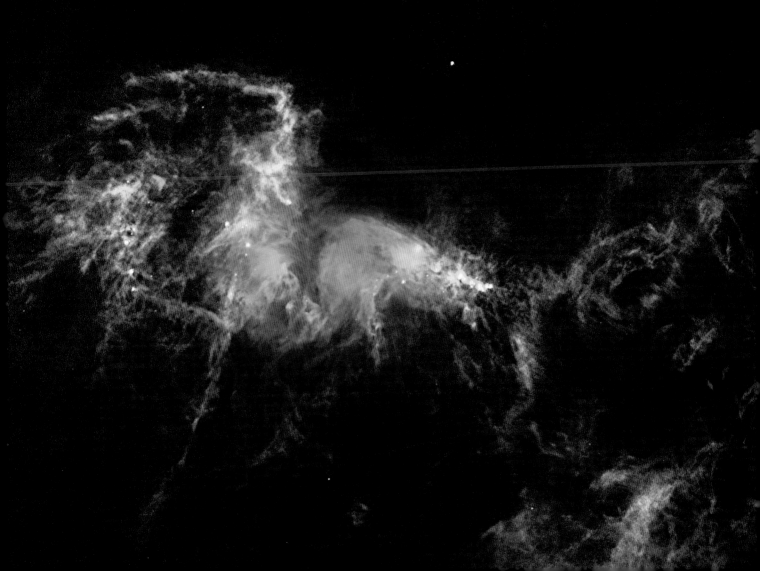

린다. 적외선 사진에서 필라멘트의 두께를 볼 수 있는데, 이런 긴 파장에서는 빛의 흡수가 1/10 정도밖에 안되는데도 성운 뒤에서 오는 빛의 대부분이 가려진 것을 볼 수 있다.

　말머리 성운은 오리온의 분자구름 복합체로 알려진 큰 구름의 일부분이다. 이곳은 활발하게 별 형성이 이루어지는 지역이고, 분자 가스가 매우 두껍기 때문에 온도가 절대온도로 불과 수 K까지 떨어질 수 있다. 이곳은 온도가 충분히 낮아서 가스가 자체 중력으로 붕괴하여 새로운 별을 형성할 수 있을 정도이다. 가시광선에서 붉게 빛나는 빛은, 이 지역에서 형성되는 뜨겁고 어린 별들에 의해 이온화된 수소가스로부터 발생한다.

게 성운

장기선 간섭계, 적외선 전천(전 하늘) 탐지기술, 스피처, 허블, 아스트로 1, 찬드라 X , 페르미 감마선 우주망원경
전파, 마이크로파, 적외선, 가시광선, 자외선, X-선, 감마선

1054년에 큰 질량을 갖는 별이 초신성으로 폭발했다. 이 초신성은 매우 밝아져서 한 달 동안 잘 보일 때는 낮에도 보였다. 그로부터 거의 천 년이 지난 후 우리는 거대한 폭발의 잔해를 볼 수 있는데, 이것이 게 성운 혹은 메시에 1로 알려져 있다. 사실상 게 성운은 처음으로 초신성 잔해로 인정되었으며, 그 중심부에서는 중성자별이 빠르게 회전하고 있다. 그리고 이 모든 것은 천 년 전에 폭발한 잔해물에 해당된다.

별의 폭발로 발생한 가스는 계속 바깥으로 확장되어 현재는 초속 1,500km의 속도로 확장되고 있는 것으로 측정된다. 성운의 중심에는 중성자별이 있으며, 초당 30회가 넘는 속도로 회전하고 있다. 이 중성자별 역시 '펄서'로, 감마선에서부터 전파에 이르는 복사선을 펄스의 형태로 방출하고 있다. 이 펄스 형태의 복사선은 초신성 잔해 속에 있는 가스를 여기시켜서 아래 사진에서 볼 수 있는 전체 전자기파 스펙트럼에 걸친 복사선 방출을 유도하고 있다.

초신성 잔해 속에 남아 있는 가스의 질량을 추산하면 이를 남긴 별의 원래 질량에 대한 힌트를 얻을 수 있다. 계산 결과 가스의 질량은 태양 질량의 약 4.5배에 달한다. 이 질량을 중성자별의 질량에 더하면 원래 별의 질량 하한을 얻을 수 있는데, 이 값은 태양 질량의 7배에 못 미친다. 별이 폭발하기 전에 태양 질량의 서너 배 정도의 질량이 빠른 항성풍에 의해 날아간다고 생각되어진다.

게 성운은 광범위하게 연구되어왔으며, 아래의 이미지들은 수백 만도가 넘는 매우 뜨거운 가스를 추적해 저에너지의 라디오파부터 고에너지의 X-선까지 넓은 스펙트럼 범위의 이미지를 보여주고 있다.

오른쪽 찬드라 X-선 관측소와 허블우주망원경으로 촬영된 이 사진 안에는 게 펄서가 있다. 게 펄서는 상상할 수 없을 정도로 높은 밀도를 갖는 빠르게 회전하는 중성자별로서, 게 성운의 중심에서 물질과 반물질을 빛의 속도에 가까운 속도로 몰아가고 있다.

라디오파	마이크로파	적외선

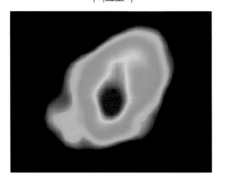
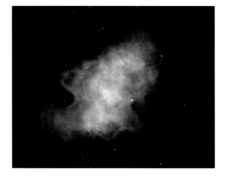

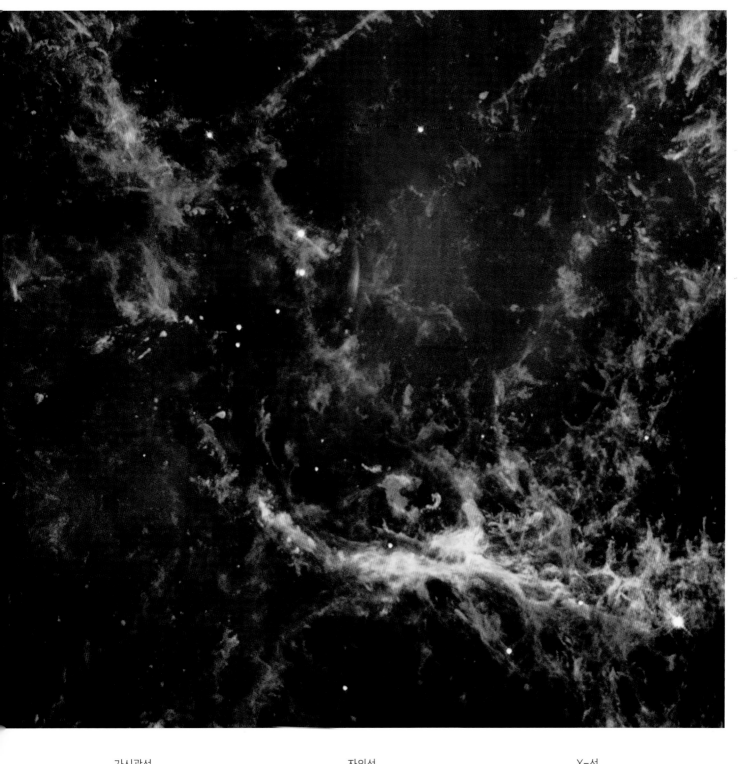

가시광선   자외선   X-선

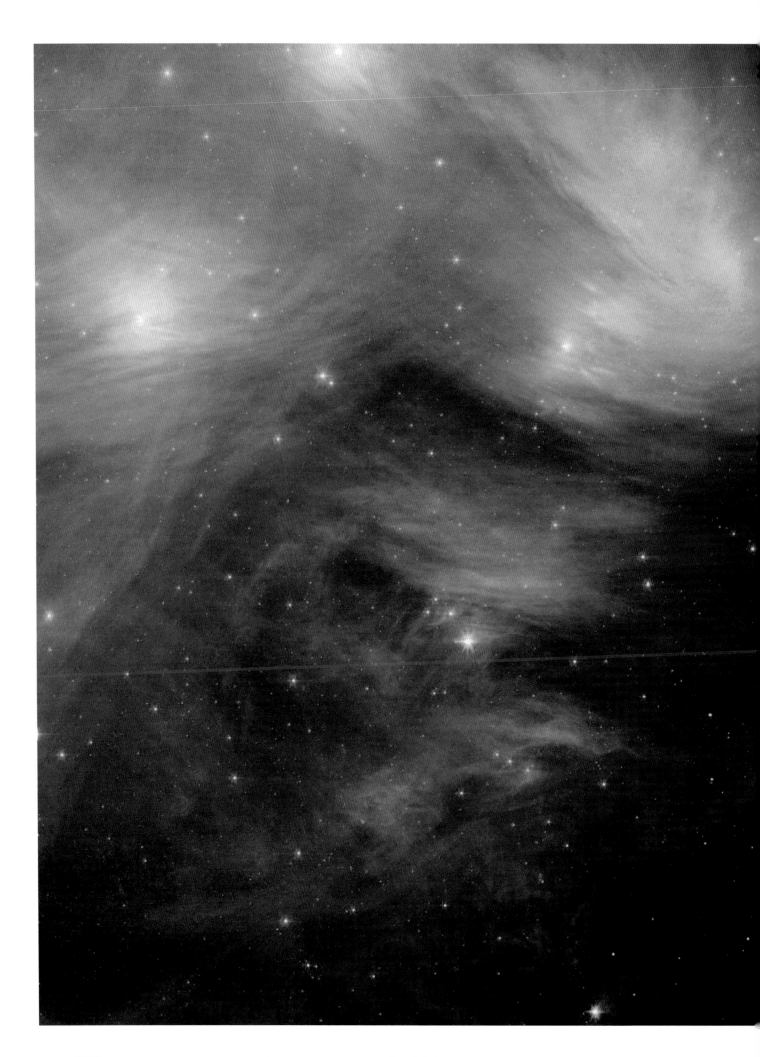

플레이아데스(M45)

스피처우주망원경과 광역 탐사 위성 　적외선

　플레이아데스 성단은 7자매 별 혹은 메시에 45로도 알려져 있는데, 하늘에서 가장 유명한 천체 중 하나이다. 북반구에서 겨울철에 두드러진 별자리인 황소자리 방향으로 놓여 있다. 지구로부터 약 440광년 떨어진 거리에 있으며, 우리에게 가장 가까운 성단 중의 하나이며, 나이는 약 1억년으로 추산된다.

　스피처 망원경으로 새롭게 촬영된 적외선 사진(왼쪽)은 성단이 통과하고 있는 구름에서 나온 먼지가 거미줄 모양의 필라멘트를 이루고 있는 망들이 노란색, 초록색, 붉은색으로 채색되고 있는 것을 보여준다. 구름에서 가장 밀도가 높은 부분은 노란색과 붉은색, 밀도가 낮은 부분은 녹색으로 보인다. 7자매의 부모별들 중 하나는 아틀라스로, 위쪽에 보이는 여섯 개 별들과 달리 아래 쪽에서 찾아볼수 있다. 처음에는 먼지가 별들의 형성 후에 남겨졌다고 여겼으나, 이제는 성단이 오래 되어 당시의 먼지는 소멸되어 사라졌음을 깨닫게 되었다. 그 대신에 성단은 그 형성과 관련이 없는 다른 먼지 구름을 우연히 통과하고 있는 중인 듯하다.

　아래 있는 사진은 플레이아데스 성단의 적외선 사진으로, NASA의 광역 적외선 탐사 위성(WISE)에서 촬영된 것이다. 청색과 청록색은 각각 3.4마이크론과 4.6마이크론의 짧은 적외선 파장으로 촬영한 것인데, 주로 별에서 방출된 빛을 보여준다. 초록색과 붉은색 빛은 각각 12마이크론과 22마이크론의 적외선으로 촬영한 것으로 성단이 통과하고 있는 먼지 구름의 실제 규모를 보여주는데, 이는 가시광선 사진에서 가늠할 수 있는 것보다 훨씬 더 크다.

아래사진 NASA의 WISE 망원경을 이용해 적외선으로 촬영한 플레이아데스

항성의 요람 IC 2944

초거대망원경 가시광선

2013년 유럽남방천문대^{ESO}에서는 초거대망원경^{VLT} 운영 15주년을 기념하여 IC 2944라고 알려진 이 아름다운 항성의 요람을 촬영했다. '달리는 닭 성운 Running Chicken Nebula'으로 알려져 있는 IC 2944는 남반구 별자리인 켄타우로스 자리 람다 별 가까이에서 찾을 수 있다. 이 성운은 85페이지에 있는 플레이아데스와 유사한 산개성단의 한 예이다. 그러나 먼지로부터 별빛이 반사되는 것을 보는 플레이아데스와는 달리 IC 2944에서는 새로 형성된 별 주변을 둘러싸고 있는 가스에서 방출되는 빛을 본다.

특징적인 붉은빛은 이온화된 수소가스로부터 방출되는 것이고, 새로 형성된 별에서 나오는 에너지가 넘치는 자외선 광자는 전자 하나를 가지고 있는 수소원자의 전자를 떼어낼 수 있다. 이렇게 자유롭게 된 전자들이 양성자와 재결합하게 되면 원자 속의 다양한 에너지 준위로 폭포수처럼 떨어지게 된다. 사진 속 붉은빛은 전자가 세 번째 에너지 준위에서 두 번째 에너지 준위로 떨어질 때를 나타낸 것으로, 수소 알파선 방출로 알려져 있다.

사진에 보이는 다수의 어두운 부분은 성간먼지로 이루어진 두꺼운 성운으로 복구상체^{Bok globule}라 불리는데, 종종 별이 형성되는 곳이다. 차갑고 차폐된 환경은 가스 구름이 자체중력으로 수축하기에 이상적인 장소이다. 그러나 남아프리카 천문학자인 데이비드 새커리가 1950년에 발견한 이후 새커리 구상체^{Thackeray globules}로 알려진 특별한 구상체^{globule}들은 수소가스를 이온화하고 있는 같은 자외선 광자로 인해 부식되어 별들을 형성할 시간이 없을 것으로 생각되고 있다.

창조의 기둥

허블우주망원경 가시광선

1995년에 허블우주망원경은 가장 상징적인 사진들 중 하나를 촬영했다. 이 사진은 창조의 기둥으로 알려진 독수리 성운(메시에 16)의 일부분으로, 새로운 별들이 형성되는 곳의 밀도 높은 분자 구름의 필라멘트를 보여준다. 그로부터 거의 20년이 지난 2014년, 허블은 흥미로운 차이점을 보여주는 새로운 사진을 찍었다.

원래의 사진은 허블우주망원경의 광각행성카메라WFPC2라고 불리는 카메라로 촬영되었다. 이 카메라는 1993년 허블의 주경의 오차를 수정하기 위한 미션 동안 허블우주망원경에 설치되었다. 우리가 WFPC2 사진에서 보는 것은 성운 속의 다양한 가스에서 방출되는 빛이다. 녹색은 수소에서 방출되고, 붉은색은 한번 이온화된 황, 푸른색은 두 번 이온화된 산소에서 방출된 빛이다.

위 1995년에 허블우주망원경으로 촬영된 창조의 기둥 원본 사진

2014년에 허블이 창조의 기둥을 재방문했을 때, WFPC2는 2009년에 설치된 WFC3으로 교체되어 있었다. WFC3은 보다 더 넓은 범위를 촬영한다. 만약 여러분이 사진을 자세히 살펴본다면 몇 가지 중요한 차이점들을 발견할 수 있을 것이다. 새로 얻어진 사진은 이전에 찍었던 사진보다 더 높은 해상도와 더 나은 동적 범위를 가질 뿐 아니라 가시광선 사진과 적외선 사진을 합쳐놓은 것이기도 하다. 이것들은 모두 기술적인 차이이지만, 만약 여러분이 필라멘트를 매우 주의 깊게 살펴본다면, 사실상 20년 사이에 구조가 바뀌었고, 기둥은 별들에서 오는 고에너지 방사선에 의해 천천히 침식되고 있음을 알 수 있다.

뱀자리의 별 형성 성운

스피처우주망원경과 2마이크론 전 하늘 탐사[2MASS]   적외선과 밀리미터파

   뱀자리에 위치한 '뱀자리 구름핵[Serpens Cloud Core]'으로 알려진 별 형성 영역을 촬영한 이 적외선 사진 속에는 형성 과정에 있는 새로운 별들이 보인다. 지구로부터 뱀자리 방향으로 약 750 광년 떨어진 거리에 놓인 이 성운이 흥미를 끄는 이유 중 하나는 이 별 형성 영역에는 작은 질량이나 중간 정도의 질량을 가진 별들만이 있다는 점이다. 이는 아주 밝고 거대한 별들에서 방출되는 오리온 성운과는 매우 다른 점이다.

   이 별 형성 영역을 이미지화하기 위해 별도의 망원경 2대로 얻어진 사진을 합쳤다. 보다 파장이 긴 적외선 자료는 스피처우주망원경으로 얻어졌고, 보다 파장이 짧은 적외선 자료는 2마이크론 전 하늘 탐사[2MASS]에서 얻어졌으며, 지상기반의 천문탐사는 애리조나와 칠레에 있는 망원경을 사용하여 하늘 전체를 촬영했다. 이 사진에는 세 가지 적외선 파장으로 촬영된 사진이 하나로 합쳐져서 각각 붉은색, 초록색, 푸른색으로 표시되어 있다.

   이 별 형성 구름 전체는 가시광선 파장으로는 보이지 않는다. 하지만 적외선으로는 먼지 속을 엿볼 수 있어서 구름 안을 볼 수 있다. 적외선 사진은 어린 별들의 존재를 주황색과 노란색으로 보여주고, 가스운의 중심에서는 푸른색으로 보여준다. 이 사진의 왼쪽 중앙에 있는 어두운 부분은 너무 많은 먼지로 완전히 쌓여 있어 사진 촬영에 사용된 적외선으로도 통과할 수 없는 부분이다. 사진 속 별들은 성운 안에 있지 않으며, 뱀자리 성운의 앞이나 뒤쪽에 놓여 있다.

초중량 블랙홀

허블우주망원경과 찬드라 X-선 관측소　적외선과 X-선

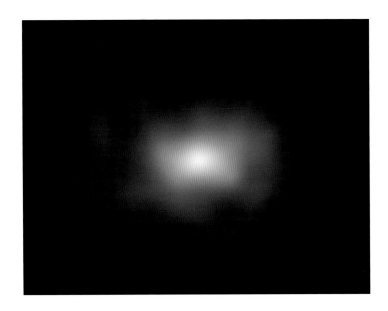

우리 은하수 중심 근처에 있는 별들의 움직임은 초중량 블랙홀의 존재를 시사한다. 독일과 미국에 기반을 두고 있는 두 연구 그룹은 궁수자리 전파원 A*, 다시 말해 우리 은하계의 중심에 있다고 믿어지는 밝은 전파원 가까이에 있는 각각의 별들의 궤도를 추적해왔다. 두 그룹의 관측은 거의 20년에 걸쳐 이루어져왔다.

만약 천체 궤도의 크기 혹은 천체가 궤도를 완주하는데 걸리는 시간을 알고자 한다면, 중력의 법칙을 통해 천체의 궤도 중심에 놓인 물체의 질량을 계산할 수 있다. 두 그룹이 발견한 바에 따르면, 궁수자리 A* 주위에서 운동을 하고 있는 다수의 별들을 측정한 결과, 별들은 태양 질량의 400만 배가 넘는 질량을 가진 물체 주변을 돌고 있었다. 이 질량이 겨우 4400만 km의 직경을 가진 구 안에 둘러싸여 있는 것이 발견되었다(비교를 하자면, 지구 궤도의 직경은 3억 km이다). 비교적 작은 부피 안에 있는 이렇게 큰 질량의 존재에 대한 가장 가능성이 있는 설명은 초대질량 블랙홀이다.

다른 은하들에 대한 연구는 거의 모든 나선은하들과 타원은하들은 그 중심에 초중량 블랙홀이 있는 것으로 생각하게 한다. 우리가 초중량 블랙홀을 갖고 있는 것으로 알고 있는 소수의 은하들은 블랙홀의 질량과 이 은하들의 팽대부에 있는 별들의 속력의 분산 사이에 강한 상관관계가 있음이 발견되었다. 블랙홀과 은하계 자체의 형성은 근본적으로 관련되어 있음이 논쟁으로 이어지고 있다.

위　X-선 근접사진에서만 궁수자리 A*가 보이는데, 폭이 0.5광년 되는 지역을 차지하고 있다. 블랙홀로 끌어들여지고 있는 뜨거운 가스로부터 X-선이 방출되고 있다.

왼쪽　우리 은하수 은하계의 중심에 있는 초중량 블랙홀 궁수자리 A*가 NASA의 최고 관측기인 찬드라, 허블, 스피처로 촬영한 이미지를 합쳐놓은 이 사진의 오른쪽에 있는 밝은 흰색 지역에 위치해 있다.

오메가 센타우리 구상성단

초거대망원경 서베이 망원경 가시광선

우리 은하계에서 가장 거대한 구상성단은 오메가 센타우리^{Omega Centauri}다. 수 세기 동안, 이 천체는 하나의 별로 여겨져 왔으며, 그리스계 이집트인 천문학자 프톨레미는 이 별을 '말 등에 올라타고 있는 별'이라고 기술했다.

1603년에는 독일 지도제작자인 요한네스 바이어^{Johann Bayer}가 이 별을 켄타우로스자리에서 어두운 별들 중의 하나로 여겨 오메가(역자 주: 오메가는 24 글자인 그리스 문자의 마지막 문자)로 지정했지만 1677년 영국 천문학자 에드먼드 핼리^{Edmond Halley}가 남부 대서양의 세인트헬레나 섬에 있는 망원경으로 관측하여 별이 아님을 알아냈다. 그리고 1715년에 그는 자신이 선정한 6개의 '빛나는 지점 또는 부분' 중의 하나로 포함시켰다.

1826년 스코틀랜드 천문학자인 제임스 던롭^{James Dunlop}이 처음으로 구상성단임을 밝혔으며 이 천체는 육안으로도 관측이 가능한 몇 안 되는 구상성단의 하나이다. 어두운 데서 보면 하늘에서 0.5도 정도를 차지하는 보름달 크기만 한 이 천체는 지구에서 약 16,000광년 떨어진 거리에 있고, 대략 150광년의 직경 안에 약 1,000만 개의 별들을 포함하고 있다. 전체 질량은 태양질량의 400만배이고, 나이는 120억 살로 추정된다.

오메가 센타우리의 중심부에 있는 별들은 서로간에 0.1광년 정도 떨어져 있는 것으로 추정된다(우리 태양의 가장 가까이 이웃한 별은 4광년이 넘게 떨어져 있다). 그 크기와 독특한 외관 때문에 많은 천문학자들이 우리 은하계의 원반을 여러 번 지나는 동안 그 재료들이 떨어져 나가고 남은 왜소 은하의 핵이라고 주장하기도 한다.

제3부

국부은하군 탐험

국부은하군은 우리가 있는 우주의 한 켠이자 우리의 이웃이다. 그 구성원들 몇 개만이 육안으로 관측 가능하다. 우리 은하수, 안드로메다 은하, 그리고 크고 작은 마젤란 은하들이 이에 해당된다. 그러나 그 구성원들 대부분은 망원경을 통해서만 관측이 가능하며, 몇 개는 최근에 들어서야 겨우 발견되었다. 국부은하군에서 가장 먼 곳에 있는 구성원은 바람개비 은하(메시에 33)이며, 지구에서 300만 광년이 조금 안 되는 거리만큼 떨어져 있다. 안드로메다 은하는 육안으로 관측할 수 있는 가장 먼 천체이며, 그 거리는 200만 광년이 조금 넘는다.

1920년대까지 우리 은하계가 우주의 전부인지에 대한 논쟁이 뜨겁게 이어졌다. 굉장히 성능 좋은 망원경으로 안드로메다 성운(역자 주: 안드로메다 은하는 한 때 우리 은하계 안에 있는 성운으로 생각되어 성운으로 불렸다)과 유사한 모습의 다른 나선성운(역자 주: 나선은하들도 우리 은하계 안에 있는 성운으로 생각되어 나선성운으로 불렸다)들을 발견하면서 논쟁이 일어났다. 이 나선성운들이 우리 은하계 너머의 항성계인지, 아니면 우리 은하계 내에서 별을 생성하고 있는 가스구름인지에 대한 논쟁이었다. 이 논란은 1923년 에드윈 허블(Edwin Hubble)에 의해 종식되었다. 그는 윌슨 산에서 100인치 망원경(100-inch Mount Wilson Telescope)으로 사용하여 안드로메다 성운까지의 거리를 측정하여, 우리 은하계의 일부분으로 보기에는 너무 멀리 있음을 입증했다.

그 이후 수십 년에 걸쳐, 우리의 주변 우주에 대한 이해도가 점차 향상되었다. 국부은하군에는 두 개의 큰 나선은하, 다시 말해 우리 은하계와 안드로메다 은하가 있다. 이 두 은하들의 질량 합은 국부은하군 전체 질량의 절반 이상을 차지한다. 그밖에도 고립되어 있는 작은 은하들이 존재하는데, 예를 들면 바람개비 은하와 육분의자리A와 같은 왜소 은하들이 있다. 나머지 국부은하군의 구성원들 중 상당수는 우리 은하계 주위를 공전하고 있는데, 여기에는 크고 작은 마젤란 은하들이 포함된다.

국부은하군은 은하들의 거대 집합체인 처녀자리 은하단의 외진 부분으로 알려져 있다. 처녀자리 은하단은 제4부에서 논의할 것이다. 제3부에서는 국부은하군의 구성원들의 사진을 소개할 것이다. 여기에는 최근에서야 발견된 우리 은하계 주위를 맴돌고 있는 왜소 은하들도 포함된다.

여기 소개한 대부분의 사진들은 허블우주망원경으로 촬영되었고, 다른 가시광선 자료는 거대 지상망원경들, 예를 들면 유럽남방천문대(ESO)의 초거대망원경으로 촬영된 것이다. 가시광선이 아닌 다른 파장에서 촬영된 자료들은 대부분 우주 기반 망원경에서 촬영된 것이다. 예를 들면, 스피처우주망원경에서 적외선으로 촬영한 사진과 찬드라 X-선 관측소에서 X-선으로 촬영한 사진들이 있다. 우리 은하계와 마찬가지로, 여러 종류의 파장을 이용한 관측을 통해 우리 국부은하군의 다양한 구성원들에서 발견되는 다양한 환경들에 대해 올바로 이해할 수 있다.

반대편 로스앤젤레스 북동쪽 패서디나 인근에 위치한 세인트 가브리엘 산 1,740m 정상에 있는 100인치 윌슨 산 반사망원경 돔 내부

고속 분자운 HVCs, High Velocity Clouds

허블우주망원경 가시광선

최근 몇 십 년 동안 우리 은하계에 관한 보다 주목할 만한 발견들 중 하나는 빠른 속도로 이동하는 분자수소운의 발견이다(오른쪽). 이 고속 분자운(HVCs)은 70~90km/초 이상의 속도를 갖는 것으로 측정되었는데, 태양 질량의 수백만 배 이상의 질량을 갖거나 하늘의 넓은 부분을 차지할 수도 있다. 고속 분자운은 우리 은하계의 헤일로에서 발견될 뿐 아니라 안드로메다 은하처럼 가까이 있는 다른 은하에서도 발견되고 있다.

고속 분자운은 우리 은하계의 진화를 이해하는데 중요한 역할을 한다. 이들은 은하 헤일로(은하무리)의 보통물질의 상당부분을 차지하고 있으며, 하강하면서 우리 은하계 원반의 구성 물질로 더해진다고 생각된다. 이 새로운 물질은 은하계 안의 별 형성 비율을 일정하게 유지시키는데 도움을 주고 있는데, 그렇지 않았다면 원반 속에 남아 있는 가스는 모두 소진되었을 것이다.

흡착되고 있는 낮은 금속성 가스

은하수

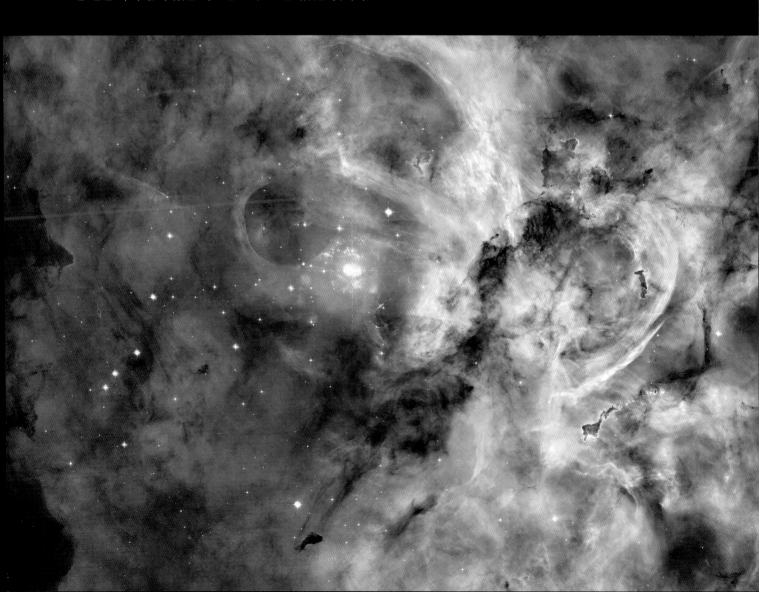

고속 분자운의 기원은 여전히 격렬한 논쟁거리이나. 이들 중 일부가 우리 은하계와 위성 은하들의 상호작용에 기인한다는 것은 의심할 여지가 없다. 예를 들면, 은하수와 대·소마젤란 은하들 사이의 중력 상호작용이 유명한 마젤란 흐름을 만들었다. 그러나 다른 고속 분자운의 기원은 잘 이해되지 못하고 있는데, 어쩌면 위성 은하들과는 아무 관련이 없는 다른 기원이 있을 수도 있다. 또 다른 가능성은 고속 분자운의 일부는 초기 시대에 은하수로부터 방출된 가스로, 원반 쪽을 향해 다시 떨어지고 있다는 것인데, 이를 은하분수라 부르고 있다.

　허블우주망원경으로 촬영한 매우 상세한 용골 성운의 사진에서 어두운 형상은 분자운인데, 분자가스의 매듭과 먼지층이 매우 두꺼워서 불투명하게 보이고 있다.

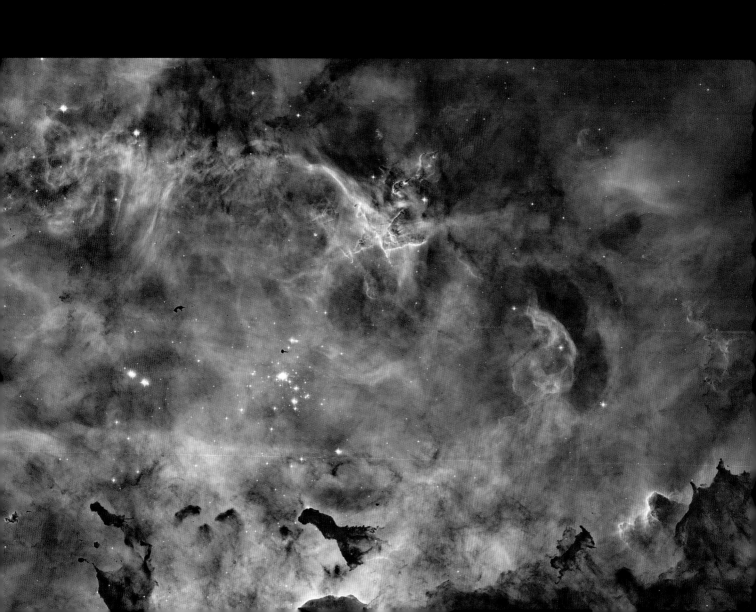

안드로메다 은하 M31

스피처우주망원경과 은하 진화탐사선 Galex, Galaxy Evolution Explorer 적외선과 자외선

　1923년 남부 캘리포니아에 있는 윌슨 산 천문대에서 100인치 망원경을 사용하여 안드로메다 성운(메시에 31)을 촬영 중이던 허블은 어느 날 밤 새로운 세 개의 별을 발견하고 사진 건판에 신성Nova을 뜻하는 'N'자를 써넣었다. 그는 이전에 찍었던 사진들을 검토해본 결과, 그들 중 하나는 신성이 아닌 변광성Variable star임을 깨닫고, N을 'X'표로 지운 후 'Var!'이라고 써넣었다. 그가 뒤에 감탄부호를 덧붙인 이유는 케페이드 변광성Cepheid variables에 적용되는 주기광도관계를 이용하면 성운까지의 거리를 알아낼 수 있다는 것을 알아차렸기 때문이다. 그의 발견 이후, 우주에 대한 우리의 인식은 완전히 바뀌게 되었다. 그가 안드로메다

성운이 우리 은하수의 일부로 보기에는 너무 멀리 있다는 사실을 발견했기 때문
이다.

안드로메다 은하(이제 우리가 부르는 이름)는 우리 은하계에서 가장 가까운 거대
은하이다. 또한 육안으로 볼 수 있는 가장 먼 천체로 200만 광년이 조금 넘는다.
가장 우리 가까이에 있기에 가장 많이 연구된 거대 은하이기도 하다.

위의 사진은 나사^{NASA}의 자외선 위성 갈렉스$^{GALEX, Galaxy Evolution Explorer}$로 촬
영한 안드로메다 은하로 젊고, 뜨겁고, 큰 질량을 가진 별들은 푸른색으로, 상대
적으로 나이든 별들은 초록색으로 표시되어 있다. 가운데 있는 노란색 점은 늙은
별들로 이루어진 집단이다. 붉은 지역은 스피처 적외선 망원경이 찾아낸 차갑고,
먼지가 많은 별 형성 지역이다.

소마젤란 은하

찬드라 X-선 관측소, 허블과 스피처우주망원경   적외선, 가시광선, X-선

이 아름다운 다파장 사진은 나사^{NASA}의 3대 대형 우주망원경으로 촬영하여 합성한 소마젤란 은하^{SMC, Small Magellanic Cloud}의 일부이다. 사진에 보이는 성단은 NGC602로 알려진 소마젤란 은하의 일부로, SMC의 날개 쪽에서 마젤란 다리를 만들고 있어서 천문학자들의 특별한 관심을 받는 중이다. NGC602는 소마젤란 은하의 주변부에 놓여 있어서 이 불규칙 왜소 은하의 다른 어떤 부분보다도 연구하기에 손쉬운 대상이다.

사진 속 NGC602는 찬드라 X 관측소가 X-선(보라색으로 나타냄), 허블우주망원경이 가시광선(붉은색, 녹색, 푸른색으로 나타냄), 스피처우주망원경이 적외선(붉은색으로 나타냄)으로 촬영했다. 이 사진의 가장자리 쪽에는 뒤쪽에 위치한 많은 배경 은하들도 함께 보이고 있다.

소마젤란 은하와 대마젤란 은하^{LMC}는 비교적 가까운 거리에 있어서, 보다 먼 거리에 있는 은하들에서는 볼 수 없는 현상들을 연구할 수 있게 해준다. 예를 들면, 이 사진은 우리 은하 바깥에서 처음으로 우리 태양과 유사한 질량을 갖는 별들에서 X-선이 방출되는 것을 보여준다. 스피처 망원경으로 기록된 적외선 방출은 새로운 별 형성을 위한 원재료를 공급하는 가스와 연관된 거대한 양의 먼지가 존재한다는 것을 보여준다.

사실상 국부은하군에서 가장 활발하게 별 형성이 일어나는 지역들 중 여러 곳이 대마젤란 은하와 소마젤란 은하 안에서 발견되었다.

뒷면 **칠레의 라실라 파라날 천문대에서 2.2m 막스 플랑크 게젤샤프트 망원경을 이용하여 가시광선으로 촬영한 소마젤란 은하.**

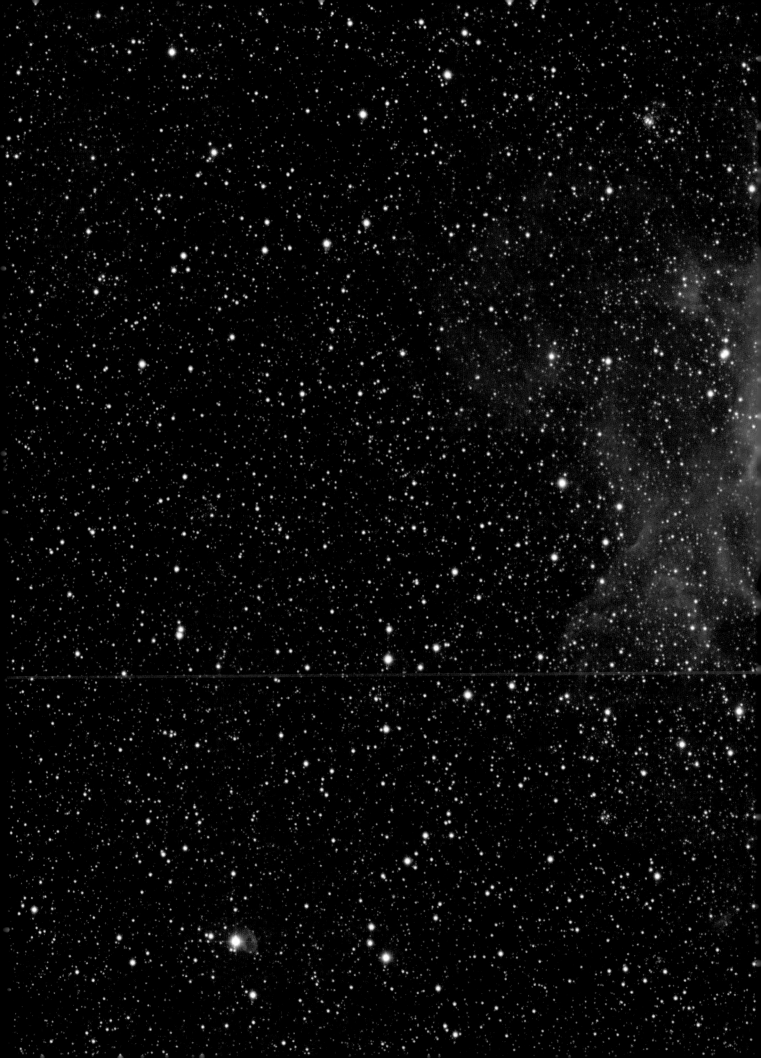

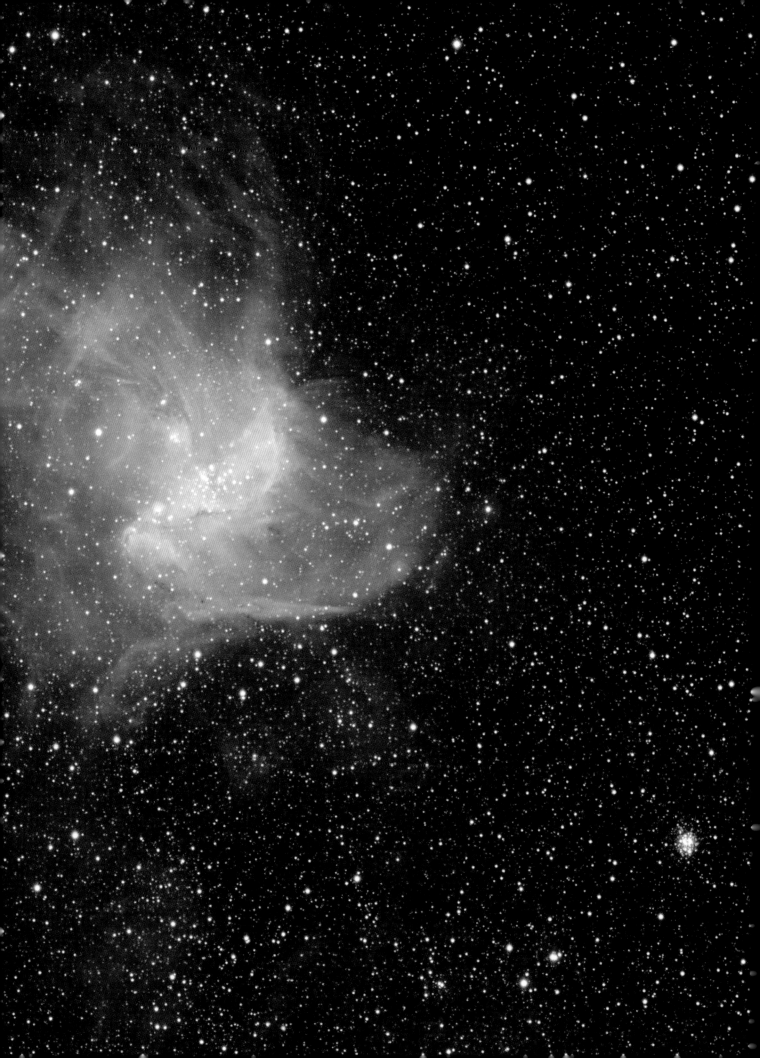

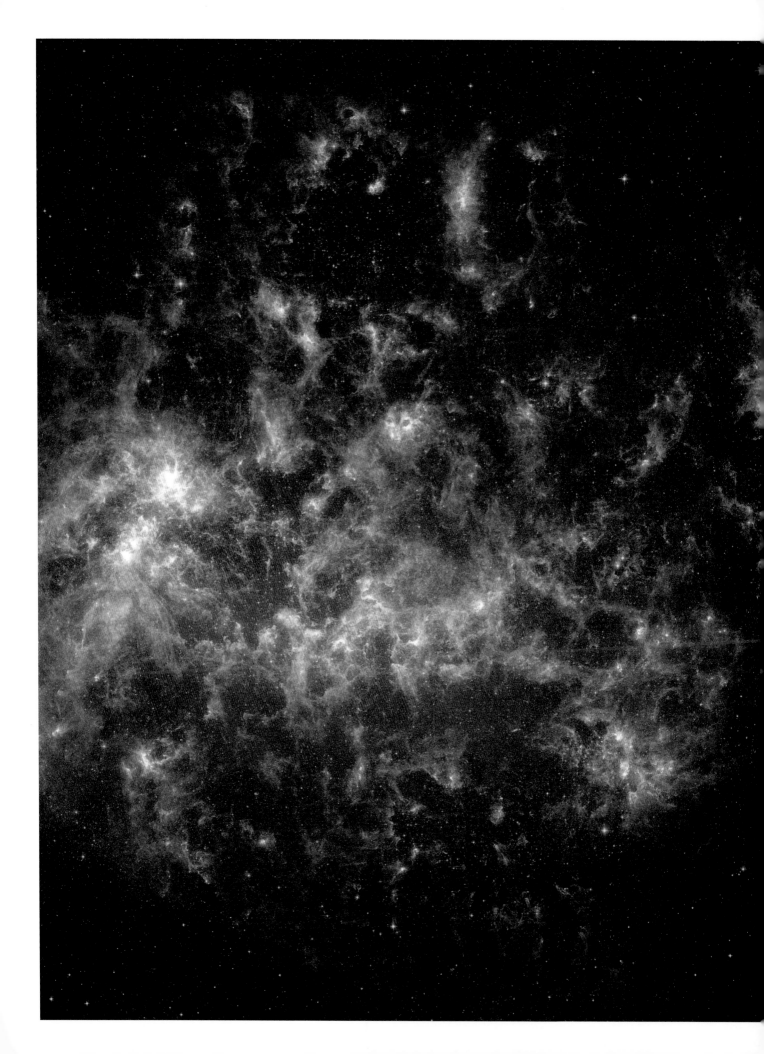

대마젤란 은하

스피처우주망원경 · 적외선 파장

남반구 하늘의 남쪽 끝에 천문학에서 가장 주목할 만한 광경 하나가 보이는데, 대마젤란 은하(LMC)이다. 그의 작은 동반자인 소마젤란 은하(SMC)와 함께 하늘에 떠 있는데, 적도의 남쪽으로 여행할 경우에만 볼 수 있다. 이들은 옛날 15세기 유럽인들에게 처음 발견되었는데, 네덜란드와 포르투갈 항해사들이 아프리카 남쪽 끝을 여행하다가 발견하여 '케이프 구름Cape Clouds'으로 알려졌다. 1503~1504년에 아메리고 베스푸치가 발견했고, 페르디난드 마젤란의 지구일주 항해기간(1519~22년) 동안 항해사들은 남쪽의 위도에서 볼 수 있는 이 두 큰 성운을 언급했다. 마젤란과 항해했던 안토니오 파가페타Antonio Pagafetta가 상세하게 묘사하면서 마젤란 성운으로 알려지게 되었다.

대마젤란 은하는 지구로부터 163,000광년 떨어져 있는데, 이는 200,000광년 떨어져 있는 소마젤란 은하보다 조금 더 가까운 거리이다. 비록 안드로메다 은하만큼 멀리 떨어져 있지는 않지만, 남반구에서는 육안으로 볼 수 있는 가장 멀리 떨어져 있는 천체이다. 대마젤란 은하는 분쇄된 막대나선은하의 한 예시인데, 이 사진에도 막대가 보인다. 외형이 불규칙한 것은 소마젤란 은하와의 조석 상호작용 때문인 것으로 보인다. 보름달 직경의 약 20배에 해당될 정도로 하늘의 넓은 영역을 차지하고 있으며 가스와 먼지가 많아서, 국부은하군에서 가장 활발한 별 형성 지역인 유명한 타란툴라 성운을 포함하여 많은 별 형성 지역들이 있다.

위 앵글로-오스트레일리안 천문대에서 데이비드 말린(David Malin)이 촬영한 대 · 소마젤란 은하.

뒷면 이 새로운 허블우주망원경 사진은 타란툴라 성운을 가시광선과 적외선 그리고 자외선으로 보여준다. 이 지역은 성단들과 빛나는 가스, 어두운 먼지로 가득 차 있다. 이 사진은 허블의 광범위 필드 카메라(WFC) 3과 첨단관측카메라(ACS)로 포착한 것이다.

초신성 1987A

허블우주망원경 　가시광선

호주 뉴사우스웨일스의 앵글로-오스트레일리안 천문대에서 일하는 데이비드 말린(David Malin)이 폭발이 처음 목격된 다음날인 1987년 2월 24일에 찍은 유명한 초신성 사진. 사진은 초신성 폭발 전과 후의 하늘의 같은 부분을 보여준다.

　초신성 1987A가 발견된 지 3년 후, 허블우주망원경^{HST}이 발사되었다. 망원경이 발명된 이후 가장 가까이에서 발견된 초신성을 이제 최고의 망원경으로 연구할 수 있게 되었다.

　몇 년에 걸쳐 허블우주망원경^{HST}으로 초신성 1987A을 촬영하여, 전례 없이 상세하게 이 항성 폭발의 진화를 연구할 수 있게 되었다. 왼쪽에 있는 사진은 그중 하나로, 2002년 허블우주망원경^{HST}에 탑재된 첨단관측카메라^{ACS}로 촬영되었다.

　사진 속 세 개의 밝은 고리들은 1994년 허블우주망원경으로 발견한 뒤 계속 연구 중이다. 이 빛은 폭발이 있기 20,000년 전에 항성풍의 형태로 초신성 1987A의 모체에서 방출된 물질에서 방출되었다. 이 물질은 초신성 폭발로 방출된 자외선 섬광에 의해 이온화되었다. 대략 2001년에 초신성의 폭발의 분출물은 초속 7,000km/s 이상의 속도로 날아와 안쪽의 고리와 충돌했다. 이로 인해 가스가 가열되어 X-선을 방출하게 했고, 이 안쪽 고리로부터 방출되는 X-선 흐름이 2001년과 2009년 사이에 세 배로 증가했다. 방출된 X-선의 일부는 초신성 잔해의 중심 가까이에 있는 밀도가 높은 방출된 가스에 의해 흡수되어, 같은 기간 동안 잔여물의 가시광선 밝기를 비슷하게 증가시켰다.

　현재까지 SN1987A의 중심에 있을 것으로 예측되는 중성자별은 발견되지 않았다. 먼지로 완전히 둘러싸여 있거나 완전히 붕괴되어 블랙홀이 되었을 가능성이 있다.

해마 성운

허블우주망원경 가시광선

풀을 뜯고 있는 해마처럼 보이는, 사진 중심에 있는 어두운 천체는 사실 성간 공간에 걸려 있는 가스와 먼지로 이루어진 거대한 성운이다. 우리 은하수의 위성 은하인 소마젤란 안에 있는 해마 성운(또는 NGC 2074로도 알려져 있다)은 길이가 약 20광년이며, 별들이 형성되고 있는 타란툴라 성운 가까이에 있다. 성단을 만들고 있는 타란툴라 성운(아래)의 중심은 사진 속 왼쪽 위 모서리를 약간 벗어난 곳에 있다.

대마젤란은하 안에 있는 이 지역에서는 별들이 폭발적으로 형성되고 있는데, 아마도 인근에서 일어난 초신성 폭발에 의해 촉발되었을 것이다. 이러한 별들의 폭발은 주변을 둘러싸고 있는 가스운에 충격파를 보내서 차가운 분자수소운들을 서로 충돌하게 하여 새로운 별들을 생성하게 한다. 우주는 뛰어난 재생처리기여서, 초신성 폭발 속에서 내던져진 물질을 미래 세대의 별들을 만드는 데 이용할 뿐 아니라 폭발을 통해 새로운 별들이 형성되도록 돕는다.

이 사진에 보이는 가시광선의 빛은 어림잡아 100광년 거리에 퍼져 있다. 우리는 분자운 위로 솟아오르는 가스와 먼지로 된 암흑성운을 볼 수 있는데, 이들은 가스운의 보다 얇은 부분 안에서 이온화된 가스들이 방출하는 빛의 조명을 받아 실루엣처럼 보인다. 고에너지 자외선은 가스들을 이온화시키고 또한 밀도가 높은 분자운 표면을 조금씩 침식시켜 들어간다. 이 사진은 2008년에 허블우주망원경에 장착된 광각행성카메라[WFPC] 2로 촬영한 것이다. 붉은색은 이온화된 황 원자로부터 방출되는 빛이고, 초록색은 이온화된 수소 그리고 푸른색은 이온화된 산소로부터 방출되는 빛이다.

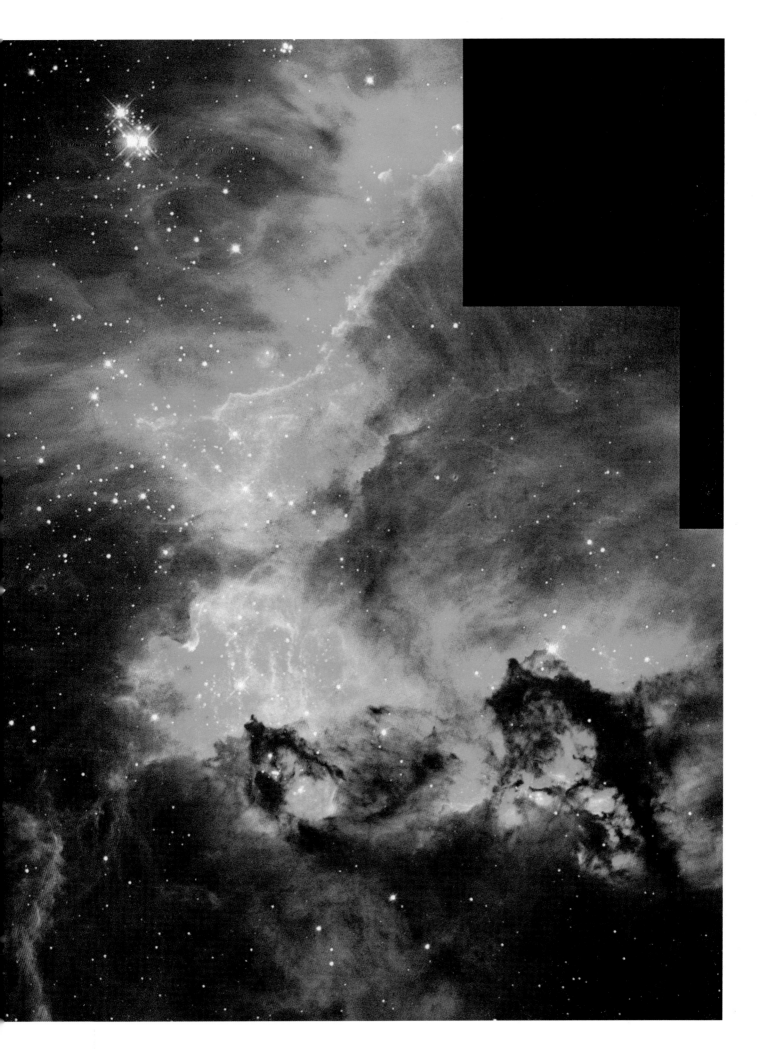

육분의자리 A 왜소 은하

스바루망원경   가시광선

육분의자리 A는 작은 왜소 은하이며 우리 국부은하군에 속한다. 육분의 자리 A 은하는 왜소 불규칙 은하에 속하며, 타원 구조도, 불규칙 구조도 보이지 않는다. 왜소 불규칙 은하들은 종종 새로운 별들을 생성할 수 있는 원재료 물질인 가스를 많이 품고 있다. 이런 유형의 전형인 육분의자리 A 안에서는 무거운 별들이 상당히 격렬하게 형성되고 있다. 고도 4,000m의 하와이의 마우나케아 정상에 있는 일본의 8m 스바루망원경으로 촬영된 이 사진에는 무거운 별들이 형성되는 지역이 푸른색으로 보이고 있다.

위 국제 우주정거장이 스바루망원경 위를 지나가고 있다.

이 사진은 분리된 3개의 필터를 통해 장시간 노출시켜 찍은 사진을 하나로 합친 것이다. 첫 번째 필터는 가시스펙트럼의 초록색 부분을, 두 번째 필터는 붉은색 부분을 그리고 세 번째 필터는 가시광선의 빨간색 끝부분 바로 너머에서부터 근적외선 부분을 촬영한 후 세 개의 분리된 사진을 하나로 결합하여 이와 같은 실제 색상의 이미지를 만들었다.

몇 안 되는 무거운 별 형성 지역을 제외하면, 육분의자리 A는 표면 밝기가 낮은 은하에 속한다. 이는 단위 면적당 방출하는 빛의 양이 은하의 전형적인 양보다 적다는 뜻이다. 이로 인해 이 은하 관측이 극도로 어려워진다. 오직 큰 망원경을 이용하여 장시간 노출해야만 그 희미한 구조가 드러날 수 있다. 육분의자리 A는 지름이 겨우 5,000광년 정도로 우리 은하 지름의 1/20밖에 안 된다. 또한 국부은하군에서 가장 멀리 있는 구성원의 하나로 약 400만 광년 너머에 있는데, 이는 안드로메다 은하까지 거리의 약 2배이다.

메시에 33에서의 별 형성

허블망원경과 찬드라 X-선 관측소　가시광선과 X-선

우리 국부은하군에서 세 번째로 큰 은하인 M33은 약 250만 광년 거리의 메시에 31(안드로메다 은하)보다 조금 더 멀리 떨어진 거리에 있다. 북반구의 별자리인 삼각형 자리에 놓여 있어 삼각형 자리 은하로도 알려져 있다. 메시에 33의 나선구조는 NGC 604로 알려진 가장 큰 별 형성 지역의 하나를 포함하고 있다. 이 별 형성 지역은 지름이 거의 1,500광년에 펼쳐져 있는데, 이 성운 안에서 태양 질량의 15배에서 60배에 이르는 뜨겁고 젊은 별 200개 이상을 찾을 수 있다.

이와 같이 무거운 별들이 형성되는 지역은 HII영역이라 알려져 있는데, 그 이유는 이온화된 수소가 존재하여 천문학자들은 수소에 해당하는 'H'를 지정하고, 로마 숫자인 II를 붙여 한 번 이온화되었다는 것을 보여준다. 아래의 사진은 메시에 33의 한 나선팔 안에 있는 NGC 604의 위치를 보여준다.

큰 사진은 허블우주망원경과 찬드라 X-선 관측소에서 찍은 NGC 604 사진을 합쳐놓은 것이다. 가시광선으로 촬영한 허블우주망원경 데이터는 붉은색과 녹색으로 나타냈으며, 찬드라 X-선 자료는 푸른색으로 나타냈다. 차가운 먼지와 따뜻한 가스 안에 있는 거대한 거품은, 이 별들의 요람에서 형성된 젊고 뜨거운 별이 뿜어낸 항성풍에 의해 생성되었다. 그러나 똑같은 이런 항성풍들이 일부의 가스를, 그 주위를 둘러싸고 있는 다른 가스와 먼지들과 충돌하게 만들고, 가스를 가열하여 그 온도를 100만 K까지 끌어올려서 찬드라에서 관측할 수 있는 X-선 방출을 일으킨다고 생각된다.

아래 메시에 33 안에 있는 NGC 604 별 형성 지역이 은하의 배경을 이루는 별들에 비하여 밝게 보인다. NGC 604는 그림의 왼쪽 위 1/4 위치에 있다(팔로마 전천탐사로부터 얻어진 이미지)

제4부

국부은하군을 넘어서

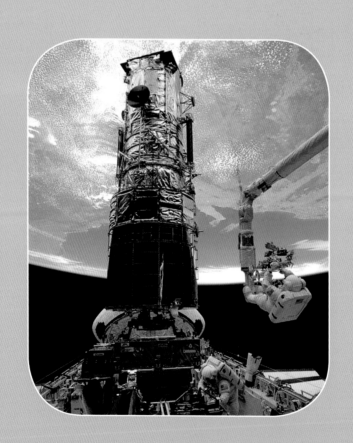

국부은하군 너머의 우주는 우리 주변에서 볼 수 있는 그 무엇보다 더 풍요롭고 다양한 모습을 보여준다. 우리 국부은하군은 두 개의 큰 나선은하들이 주도하고 있는 반면에, 국부은하군 너머에는 훨씬 크고 다양한 은하들과 환경이 있음을 보게 된다. 은하들은 다양한 형태와 크기를 보인다. 거대한 타원은하, 장엄한 모습의 나선은하, 격렬하게 충돌하는 은하, 폭발적으로 별 형성이 일어나는 은하들은 우리가 볼 수 있는 흔한 유형들이다. 우리는 심지어 전경에 있는 은하 가까이를 지나가는 빛이 왜곡되어 외관이 뒤틀어진 이상한 은하들도 볼 수 있다. 아인슈타인에 의해 예측된 소위 중력렌즈라 불리는 이 현상은 최근에야 관측되었다.

1930년대에 처음으로 관측되었던 은하단은 오늘날 우주 구조를 형성하는 필수적인 구성요소로 알려져 있다. 우리에게서 가장 가까운 은하단은 처녀자리 은하단으로, 적어도 1,300개 이상의 은하들로 이루어진 거대한 은하들의 집단이다. 이 은하단의 중심부는 우리로부터 약 5,500만 광년 떨어진 거리에 있다. 여기에 보인 잘 알려진 은하들은 처녀자리 은하단의 구성원이며, 특히 메시에 목록에 올라 있는 은하들이다. 결국, 처녀자리 은하단은 이보다 더 큰 처녀자리 초은하단이라 알려진 우리 국부은하군 밖에 있는 더 큰 구조의 일부이다.

천체들이 우리로부터 떨어진 거리가 수백 광년이 아니라 해도 여기서 소개한 은하들과 은하단들을 제대로 연구하려면 최대로 큰 망원경을 필요로 한다. 단순히 거대한 망원경이어야 되는 것이 아니라, 가장 예민한 장비여야 한다. 밤하늘의 이미지를 담기 위해 100년 넘게 사용되어온 사진 건판은 1980년대 이후 대략 100배 이상 예민한 전자식 카메라로 대체되었다. 이 장치는 과거에는 불가능했던 천체 촬영이 가능해졌다.

허블우주망원경(HST)과 유럽남방천문대의 초거대망원경(VLT), 칠레 북부 아타카마 사막 높이 설치된 8m 망원경으로 얻어지는 이미지와 더불어, 《빅 퀘스천 천체》 속 사진들은 마우나케아 산의 정상에 있는 일본의 8m 스바루망원경과 같은 대형 망원경을 통해 얻어졌다. 다른 파장 자료는 허셜우주망원경이나 콤프턴 감마선 관측위성과 같은 다양한 우주-기반 망원경에 의해 촬영되었다.

이런 거대한 망원경들은 때로는 우리에게 도착하기까지 수백 년 때로는 수십억 년이 걸린 빛을 포착한다. 그중 어떤 빛은 우리 지구가 존재하기도 이전에 그 천체를 떠나온 빛이다.

반대쪽 1993년에 있었던 첫 번째 허블우주망원경 서비스 미션으로 우주비행사가 망원경의 주경에 발생한 문제를 바로잡기 위해 특별히 제작된 렌즈를 장착하고 있다.

메시에 81 나선은하

허블과 스피처우주망원경과 갈렉스 우주망원경   적외선, 가시와 자외선

메시에 81 나선은하는 하늘에서 가장 잘 알려진 은하계 밖의 천체들 중 하나다. 이 은하는 세칭 '웅장한 디자인' 나선은하의 하나로, 나선 팔이 완전히 중심을 향해 뻗어 있기 때문에 붙여진 이름이다. 큰곰자리에 위치하여 북반구 천문학자들은 1년 내내 볼 수 있다. 크기가 크고 상대적으로 밝아서 아마추어 천문가들에게 가장 인기 있는 표적의 하나이다. 약 1200만 광년 거리에 있는데, 우리에게 가장 가깝고 큰 나선은하 중 하나이며, 다양한 파장에서 가장 많이 연구된 것 중 하나이다.

메시에 81은 1774년에 요한 보데Johann Elert Bode가 발견해, 보데의 은하로도 알려져 있다. 또 다른 흔한 명칭은 NGC 3031이다. M81은 뚜렷하게 보이는 나선팔과 더불어 활동적인 핵을 가지고 있는 은하로, 그 중심에 태양의 7000만 배에 달하는 초대질량 블랙홀을 가지고 있는 것으로 계산되었다.

이 사진은 허블우주망원경에서 얻은 가시광선 자료(황백색으로 나타냄)와 스피처 우주망원경의 적외선 자료(붉은색으로 나타냄) 그리고 NASA의 갈렉스 우주망원경으로 포착한 자외선 자료(푸른색으로 나타냄)를 하나로 합성하여 만든 것이다. 자외선은 가장 뜨겁고 가장 젊은 별에서 방출되는데, 은하의 나선팔에서 발견된다. 나이가 많은 별은 M81의 중심에 있는 팽대부Bulge에 놓여 있고, 먼지가 내는 복사선은 나선팔을 따라 발견되는데, 미래의 별 형성 지역을 보여준다.

위 나선은하의 나선팔 중 하나를 허블우주망원경으로 찍어 확대한 사진.

뒷면 허블우주망원경으로 촬영한 M81의 모습은 너무나 선명하여, 낱낱의 별들과 산개성단들, 구상성단들 그리고 형광가스로 빛나는 지역들까지도 구별하여 볼 수 있다.

여송연(시가) 은하

스피처와 허블우주망원경, 찬드라 X-선 관측소   적외선, 가시광선, X-선

메시에 82는 하늘에서 가장 밝고, 가장 쉽게 찾을 수 있는 은하 중 하나이다. 우리 은하수보다 약 5배 이상 더 밝고, 중심부에서는 거대 규모의 별 형성이 이루어지고 있다. 폭발적인 별 형성은 이웃 은하인 메시에 81과의 상호작용에 의해 촉발된 것으로 추정된다. 가장 가까이 있는 폭발적 별 생성 은하로 1,200백만 광년이라는 상대적으로 가까운 거리에 위치하고 있다. 큰곰자리 안에 위치하여 북반구의 사람들은 거의 1년 내내 관측할 수 있다.

메시에 82는 그 모양으로 인해 '여송연 은하'라는 이름으로도 알려져 있다. 이 사진은 세 대의 우주망원경으로 촬영해 합성한 사진이다. 허블우주망원경으로 촬영한 가시광선 사진에 스피처 적외선 망원경으로 촬영한 적외선 사진(붉은 색으로 나타냄)과 찬드라 X로 촬영한 X-선 사진을 합성했다. 적외선은 성간 먼지로부터 방출되고, X-선은 주로 빠른 속도로 움직이는 전자로부터 방출된다.

사진에서 볼 수 있듯이, 적외선과 X-선 방출은 은하에서 볼 수 있는 부분보다도 훨씬 더 확장되어 있다. 이를 통해 알 수 있는 것은, 은하의 중심에서 일어나고 있는 폭발적인 별 형성이 물질과 고에너지 전자들을 은하에 대해서 직각 방향으로 밀어내고 있다는 것이다. 가시광선 파장에서는 은하 안쪽에 있는 먼지로 인해 강렬한 별 형성이 대부분 숨겨져서 보이지 않는다. 메시에 82는 오직 다중 파장으로 연구함으로써 그 실체를 알 수 있게 된다.

위 허블우주망원경 사진은 M81 은하 중심부에서 밝은 별이 폭발적으로 생성되고 있음을 보여준다.

솜브레로 은하

스피처와 허블우주망원경   적외선과 가시광선

19세기 프랑스의 천문학자 찰스 메시에가 엮어낸 유명한 천체목록인 메시에 목록에 가장 마지막으로 올라 있는 천체는 메시에 104이며, 흔히 솜브레로 은하라고 불린다. 이 은하의 외관은 매우 두드러진 벌지^{bulge}를 가진 나선은하를 우리가 거의 옆에서 보고 있는 데서 비롯된다. 은하 원반의 먼지층이 벌지를 가로지르고 있으나 은하는 완전히 옆을 향하고 있지 않아서 우리는 벌지의 중심에 높은 밀도로 밀집되어 있는 별들을 볼 수 있다.

아래 사진은 허블의 가시광선 사진에 스피처우주망원경에서 촬영한 적외선 화상을 중첩시켜 만든 합성사진이다. 만약 스피처로 관측된 적외선 사진과 허블에

서 촬영된 순수 가시광선 사진(뒷면 사진)을 비교해보면, 먼지가 적외선에서 보이는 것을 가시광선에서는 관측하기 어렵게 만든다는 것을 알 수 있다.

솜브레로 은하는 지구로부터 약 3,000만 광년 떨어진 처녀자리 안에 있다. 작은 망원경을 통해서도 쉽게 볼 수 있어서 아마추어 천문학자들에게 가장 인기 있는 표적의 하나이다. 지름은 약 50,000광년으로, 우리 은하수의 약 1/3 크기이나 우리 은하계보다 훨씬 큰 팽대부^{bulge}를 가지고 있어서 형태학적으로 아주 다르다. 게다가 중심에는 초대질량의 블랙홀을 가지고 있어서 전문적인 연구에도 매우 인기 있는 연구대상이 된다.

뒷면 허블우주망원경에서 촬영된 솜브레로 은하의 가시광선 사진 원본. 세 개의 필터(붉은색, 녹색, 푸른색)로 촬영하여 자연색 이미지를 만들었다.

불꽃놀이 은하

스피처우주망원경과 스바루망원경 적외선, 가시광선

NGC 6946으로도 알려져 있는 불꽃놀이 은하는 우리에게 가장 가까운 나선은하의 하나이며, 약 1000만 광년 떨어진 거리에 있다. 윌리엄 허쉘이 1798년 북쪽 하늘의 별자리인 케페우스자리와 백조자리 사이에서 발견했다. NGC 6946은 하늘의 은하수 띠 가까이 놓여 있으며, 백조자리 뒤편 너머에 있다. 따라서 우리가 NGC 6946을 바라볼 때는 우리 은하수 안에 있는 별들과 가스를 꿰뚫어 보아야 하기 때문에, 이 사진에는 많은 전경의 별들이 함께 보인다.

오른쪽 사진은 가시광선으로 본 NGC 6946의 모습이다. 이 사진은 하와이 마우나케아 산 정상에 위치한 일본의 8.2m 스바루망원경으로 포착한 것이다. 어두운 먼지층과 주황색으로 보이는 늙은별들과 더불어 나선팔을 따라 거대한 붉은 점들이 보인다. 이들은 거대한 HII 영역들(117페이지 참조)로, 뜨겁고 거대한 젊은 별들이 그들을 둘러하고 있는 수소가스를 이온화시키고 있는 활발한 별 형성 영역이다.

아래 사진은 적외선으로 촬영한 NGC 6946을 보여준다. 스피처우주망원경으로 포착한 자료에 네 개의 다른 적외선 파장에서 얻어진 자료를 합친 것이다. 푸른색은 3.6마이크론, 녹색은 4.5마이크론, 붉은색은 5.8마이크론과 8.0마이크론 파장에서 방출된 빛을 의미한다. 붉은색으로 보이는 지역은 가시광선 사진에서는 어두운 점으로 나타나는 먼지로부터 방출되는 빛이다. 이 먼지들은 매우 따뜻하고 나선팔에 있는 별 형성과 관련이 있다. 사진 전체에 걸쳐 퍼져 있는 푸른색 점들은 전경에 있는 별들로, 우리 은하의 별들이다.

불꽃놀이 은하

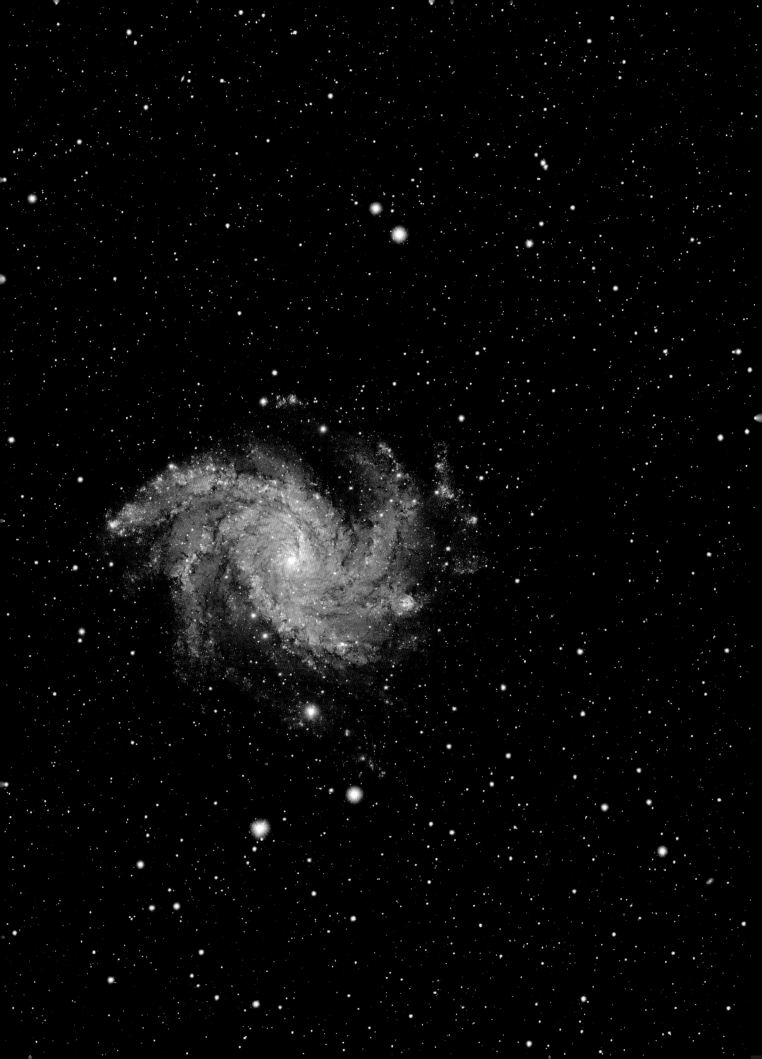

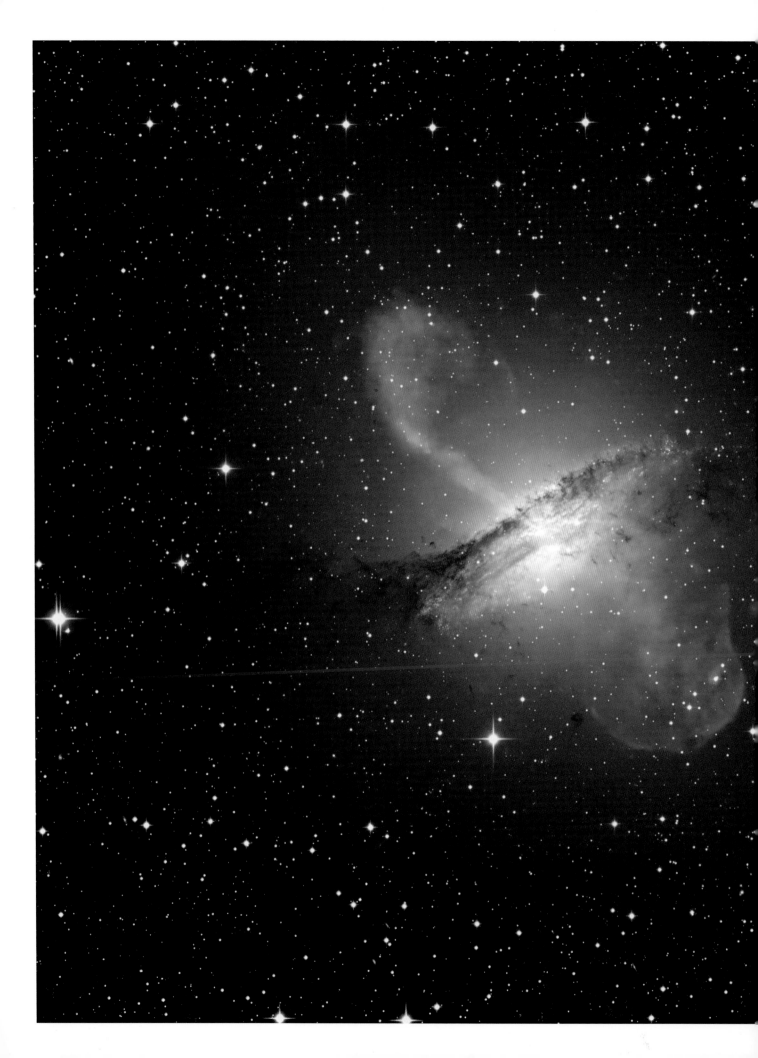

센타우루스자리 A

아타카마 패스파인더 실험, 막스 플랑크^{Max Planck}
가젤 샤프트 망원경과 찬드라 X-선 관측소
서브밀리파, 가시광선, X-선

센타우루스 A의 'A'는 남반구의 별자리인 센타우루스자리에서 첫 번째로 발견된 전파원이라는 뜻으로 붙여진 명칭이다. 이 전파원은 1940년대 후반에 이루어진 하늘의 전파 조사 중에 발견되었다. 하지만 센타우루스 은하 자체는 스코틀랜드 천문학자 제임스 던롭이 1826년에 호주 뉴사우스웨일스의 그의 집에서 발견했다. 이 은하는 가까이 있고 또 밝기 때문에 하늘에서 가장 많이 연구된 은하 중하나가 되었다. NGC 5128로도 알려져 있으며 하늘 어느 곳에서도 가장 두드러지는 전파 은하이다.

이 사진은 다파장으로 촬영된 이미지로, 서브밀리미터파 데이터(오렌지색으로 표시)와 가시광선 데이터(실제 색으로 표시) 그리고 X-선 데이터(푸른색으로 표시)를 합쳐놓은 것이다. 센타우루스자리 A의 가시적 외관은 수세기 동안 천문학자들을 헷갈리게 만들었다. 은하의 겉모습은 전형적인 타원형 은하처럼 보이지만, 두드러진 먼지 띠는 두 개의 작은 은하가 합병된 것을 암시하기 때문이었다.

센타우루스 A의 중심에는 초대질량 블랙홀이 있어서, 물질의 상대론적 제트를 먼지 띠에 대하여 직각방향으로 분출한다. 제트는 밀리미터파와 X-선 사진에 보이는데, 가시광선으로 보이는 은하 범위 훨씬 너머까지 확장되어 있다. 이 거대한 전파구름^{lobe}은 센타우루스 A가 라디오파 파장대에서 밝은 은하로 보이게 만든다. 제트의 안쪽 부분의 전파 관측은 그것이 빛의 속도의 절반에 해당하는 속도로 움직이고 있으며, 중심에서부터 백만 광년이 넘는 거리까지 확장되고 있음을 보여준다. X-선은 제트가 주변 가스와 충돌할 때 생성되며, 높은 고에너지 입자를 생성해내고 있다.

NGC 891

허블우주망원경 가시 광선

NGC 891은 옆에서 본 나선은하들 중에서 가장 가까이 있는 은하 중 하나다. 이 은하는 1784년에 윌리엄 허셜^{William Herschel}이 베스에 있는 자신의 집 뒤뜰에서 6인치 망원경을 사용하여 발견했다. 허셜은 1781년에 새로운 행성인 천왕성을 처음 발견한 사람으로 유명하다. 약 3,000만 광년 거리에 있는 NGC 891은 북쪽 하늘의 별자리인 안드로메다자리에 놓여 있다. NGC 891은 우리 은하계와 안드로메다 은하를 포함하는 국부초은하단(처녀자리 초은하단으로도 알려져 있다)의 한 부분이다.

이 사진은 허블우주망원경에 장착된 첨단 관측 카메라(ACS)로 촬영했다. 은하 원반의 중심부를 가로지르고 있는 먼지의 띠가 또렷하게 보이는데, 이는 비슷한 거리에서 볼 때 우리 은하가 어떤 모습으로 보일지를 짐작하게 해준다. 그러나 좀 더 자세히 살펴보면 먼지층 위와 아래쪽으로 수직방향으로 확장되고 있는 먼지 필라멘트를 볼 수 있다.

이런 먼지 필라멘트들은 NGC 891의 원반에서 발생한 초신성 폭발로 생성되어서 원반의 중앙 평면으로부터 먼지를 날려 보내고 있는 것으로 여겨진다. 별들은 가스의 밀도가 가장 높은 원반의 중앙 평면에서 형성된다. 다시 말해 이 사진을 자세히 살펴보면 원반의 중앙 평면에서 보다 더 푸른 별들을 볼 수 있는데, 이들은 뜨거운 젊은 별들로서 우주의 삶에서 짧은 시간에 해당하는 몇백 년 후에 초신성 폭발을 일으키게 될 것이다.

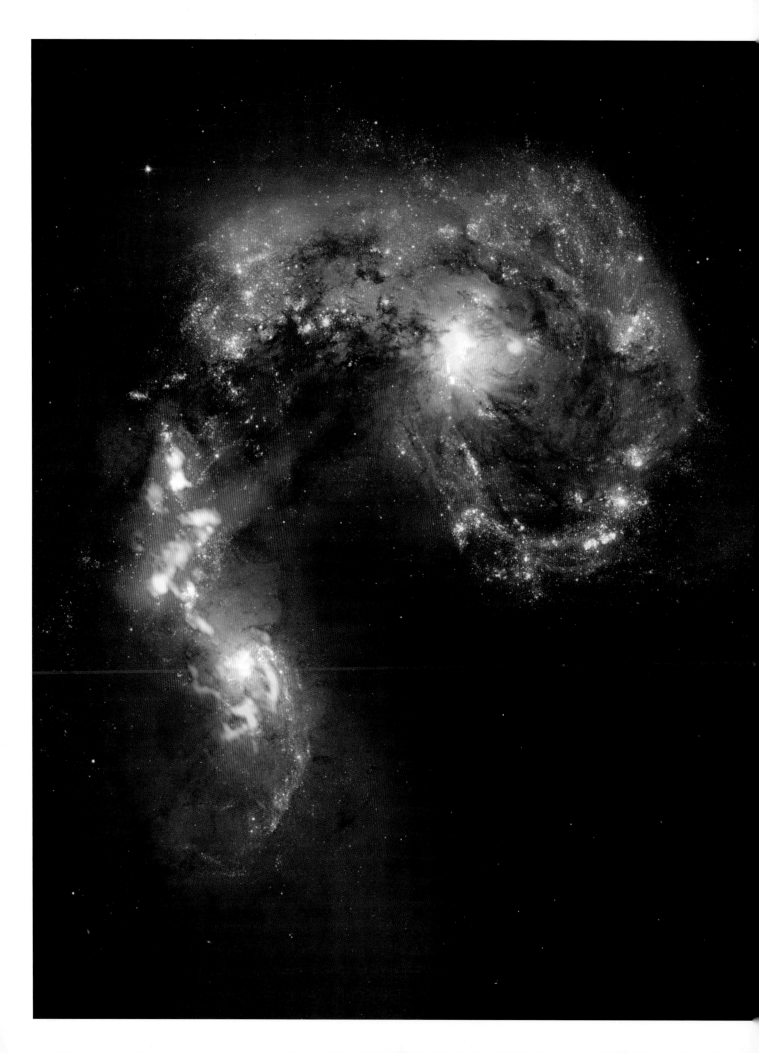

안테나 은하들

아타카마 대형 밀리미터 간섭계와 허블우주망원경   밀리미터파와 가시광선

안테나 은하는 두 개의 은하가 합병되는 과정에 있는 은하 쌍으로, 가장 가까이 있고 또 가장 많이 연구되는 대표적인 사례이다. 별들과 가스와 먼지로 이루어진 두 개의 긴 꼬리로 인해 안테나 은하의 이름이 붙여졌고, 광각 사진에서 합쳐지는 모습을 볼 수 있다. 이 꼬리는 우리가 케이블을 사용하기 전에 볼 수 있던 TV 위 안테나 모양과 비슷하다. 지구로부터 약 6,000만 광년 떨어진 곳에서 은하 합병이 진행되는 동안 무슨 일이 일어나고 있는지 그처럼 상세히 살펴볼 수 있게 허락해주는 또 다른 합병되는 은하쌍은 없다.

우리 은하를 포함한 많은 은하들은 그들의 생애 어느 시점에 합병이 일어난다고 여겨진다. 놀랍게도 두 은하가 합병될 때, 별들은 충돌하지 않는데, 그 이유는 별들이 너무 작을 뿐 아니라 별들 사이에 아주 넓은 공간이 있기 때문이다. 그러나 별들 사이의 공간에는 가스와 먼지로 채워져 있어서 두 은하의 가스들은 서로 충돌하여 폭발적인 별 형성이 일어난다.

위 지산만원경으로 촬영한 이 사진에는 두 개의 안테나 모양 꼬리가 선명하게 보인다.

왼쪽 사진은 안테나 은하들이 뒤섞인 모습이다. 배경은 허블우주망원경을 이용하여 가시광선으로 촬영한 모습이다. 이 사진에 아타카마 대형 밀리미터 간섭계ALMA로 얻어진 이미지를 중첩시켰다. ALMA는 가장 크고 가장 많은 건설 비용이 들어간 관측소로, 미국을 비롯하여 유럽남방천문대에 참여하는 국가들과 캐나다, 일본, 칠레를 비롯한 많은 나라들의 국제 협동 작업으로 탄생했다.

바람개비 은하

찬드라 X-선 관측소, 은하 진화탐사선^{GALEX}, 허블우주망원경　X-선, 자외선, 가시광선

　메시에 191로도 알려져 있는 바람개비 은하는 큰곰자리에서 우리쪽으로 은하면을 향하고 있는 나선은하이다. 지구로부터 약 2,100만 광년 거리에 있으며, 직경은 약 17만 광년에 해당하는데, 이는 우리 은하계 지름의 거의 2배에 달하는 크기이다. 1781년에 피에르 메생^{Pierre Mechain}이 발견했고, 샤를 메시에^{Charles Messier}의 유명한 성운성단 목록 거의 끝부분에 올라 있다. 또한 이 은하는 19세기에 로즈 경^{Lord Rosse}이 아일랜드에 있는 그의 거대한 망원경인 파슨타운의 레비아탄^{Leviathan of Parsontown}으로 광범위하게 관측하기도 했다.

　수세기 동안 관측되고 연구되었음에도 불구하고 사진이 보여주는 놀라운 광경은 바람개비 은하의 아주 최근 모습이다. NASA의 여러 우주망원경을 통해 얻어진 자료를 결합하여 이전에는 결코 볼 수 없었던 모습을 만들어냈다. 사진에 보이는 보라색은 찬드라 X-선 관측소에서 촬영된 것으로 수백만 K에 이르는 뜨거운 가스에서 방출되고 있다. 푸른색은 갈렉스 우주망원경으로 포착된 자외선 데이터로, 뜨겁고 무거운 젊은 별들에서 방출된다. 짧은 생을 가진 이 별들은 사진에서 보면 새로운 별 형성이 이루어지고 있는 은하의 나선팔에서 발견된다.

　허블우주망원경에서 얻어진 가시광선 자료는 노란색으로 보이는데, 이 빛은 우리 태양과 같은 별에서 방출된 것이다. 이 작은 질량의 별들은 훨씬 더 긴 생을 살며, 은하의 원반과 벌지에서 발견된다. 마지막으로 적외선으로 얻어진 자료는 붉은색으로 나타냈는데, 새롭게 형성된 별들과 함께 나선팔에서 발견되는 먼지로부터 방출되는 빛이다.

처녀자리 은하단

팔로마 산 천문대의 슈미트 망원경 가시광선

우리 은하계는 국부은하군과 처녀자리 은하단이 포함된 처녀자리 초은하단의 한 부분이다. 처녀자리 은하단에는 대략 1,300개의 은하들이 있으며, 그 중심부는 처녀자리 방향으로 약 5,400만 광년 떨어진 거리에 있다. 국부은하군은 처녀자리 은하단의 거대한 질량에 끌어당겨지고 있는데, 처녀자리 은하단의 질량은 우리 태양 질량의 거의 1,000조배에 달한다.

처녀자리 은하단은 하늘을 가로 질러 대략 8도 범위로 펼쳐져 있는데, 이는 달 직경의 16배에 달하는 크기이다. 처녀자리 은하단의 밝은 구성원들은 작은 망원경을 통해서도 관측이 가능하여 1700년대 후반과 1800년대 초반에 많이 발견되었다. 여기에는 거대한 타원은하인 메시에 87(NGC 4486)과 가장 밝은 타원은하인 메시에 49가 포함된다. 왼쪽 사진은 팔로마 산 천문대의 48인치 슈미트 망원경으로 촬영되었다.

1990년에 발사된 허블우주망원경의 주요 프로젝트 중 하나는 처녀자리 은하단의 케페이드 변광성들을 관측하는 것이었다. 케페이드 변광성의 주기광도관계(100페이지 참조)를 이용하면, 허블상수라고 부르는 현재 우주의 팽창률을 좀 더 정확하게 측정할 수 있다. 이 주요 프로젝트의 결과는 2001년 발표되었는데, 그 값은 72km/s/메가파섹(+/-8)이며, 목표한 10% 이내의 오차로 계산할 수 있었다. 이 값은 우주 마이크로파 배경복사 연구를 포함한 다른 기술에 의해 확증되었다.

이 처녀자리 은하단의 사진은 60cm 버렐 슈미트 망원경으로 포착한 것이다. 검은 원들은 전경에 있는 밝은 별들이 있던 곳으로, 은하단 내의 은하들을 더 잘 보기 위해서 제거했다. 메시에 87은 왼쪽 아래에 있는 거대 타원은하이다.

충돌하는 나선은하 NGC 2207과 IC 2163

허블우주망원경　가시광선

　NGC 2207과 IC 2163은 서로 충돌하고 있는 한 쌍의 나선은하이다. 큰개자리 방향으로 약 8,000만 광년 떨어진 거리에 있는 이 나선은하들은 하나로 합쳐지는 초기단계에 있다. 안테나 은하(137페이지 참조)에서보다 더 이른 단계로, 현재 두 개의 분리된 나선은하로 여겨지고 있으며, 병합되고 있는 은하에서 흔히 발견되는 조석분열이 아직은 매우 낮은 단계에 있다. 이는 여기 보이는 가시광선 사진에서 명백하게 드러난다.

　그러나 좀 더 자세히 관찰해보면, 더 큰 은하인 NGC 2207(사진의 왼쪽)은 사실상 IC 2163로부터 조석작용을 통해 물질을 벗겨내는 과정에 있다. 이미 이러한 조석 벗기기는 무거운 별 형성이 증가하게 했다. 1975년 이후, 이 충돌하는 은하

쌍에서 네 개의 초신성이 발견되었는데, 네 개 중 세 개는 젊고 무거운 별의 폭발과 관련이 있었다. 충돌로 인해 두 은하가 병합되고 두 나선은하 안의 성간가스들이 충돌함에 따라 두 은하 전체에 걸쳐서 별 형성이 더욱 폭발적으로 일어나게 된다. 이 병합과정은 약 10억 년에 걸쳐 일어날 것으로 예상되며 병합이 끝났을 때 타원형 은하나 렌즈형 은하가 생길 것으로 짐작되고 있다.

NGC 2207과 IC 2163은 1835년에 윌리엄 허셜의 아들인 존 허셜에 의해 발견되었다. 아래 사진은 실제 색상의 가시광선으로 NASA의 허블우주망원경에서 촬영되었다.

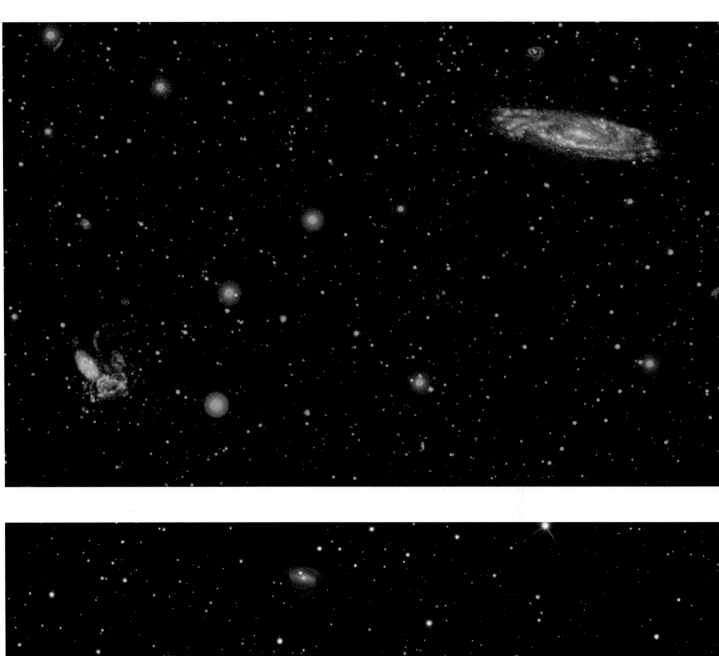

은하수의 쌍둥이, NGC 7331

은하 진화탐사선^{GALEX} 자외선

나선은하인 NGC 7331은 종종 은하수^{Milky way}의 쌍둥이로 일컬어지는데, 은하의 크기나 구조가 우리 은하계와 유사하다고 추정되기 때문이다. 페가수스자리 방향으로 약 4,000만 광년 거리에 위치하며, 1784년에 윌리엄 허셜이 발견했다. 왼쪽 위 사진은 스펙트럼의 자외선 영역에서 하늘을 촬영하는 위성인 은하 진화탐사선^{GALEX}에서 촬영되었다. NGC 7331은 사진의 오른쪽 위에 있고, 왼쪽 아래에는 스테판 5중주(149페이지 참조)가 보이고 있다.

자외선으로 촬영하는 갈렉스 망원경은 은하 안에 있는 가장 뜨겁고 무거운 별들로부터 방출되는 빛을 모을 수 있다. 우리 태양과 같은 별들은 많은 자외선을 방출하기엔 온도가 너무 낮지만, 질량이 더 큰 별들은 더 뜨겁게 타서 그 표면에서는 가시광선보다도 훨씬 많은 자외선을 방출한다. 이런 무거운 별들은 우리 태양과 같은 별들보다 더 짧은 수명을 갖고 있기 때문에 이런 거대한 별들을 촬영하면, 은하에서 가장 어린 별들도 함께 보이게 된다.

자외선을 통해 본 NGC 7331의 모습은 이런 젊고 거대한 별들이 나선팔에서만 발견된다는 것을 분명하게 보여준다. 나선팔과 은하의 벌지의 색 차이에 주목해 보라. 벌지는 훨씬 적은 자외선을 방출하는 질량이 작고 늙은 별들을 포함하고 있다. 강한 자외선 방출은 스테판 5중주에서도 볼 수 있는데, 네 개의 은하들 사이의 조석 상호작용이 폭발적인 별 형성을 촉발했다. 이는 나선팔 뿐만 아니라 은하 전체에서 만연하고 있다.

반대편 아래 아리조나 주 레먼 산에 있는 스카이 센터 천문대의 슐만 망원경으로 촬영한 NGC 7331의 가시광선 사진

아래 클린 룸에서 조립되고 있는 갈렉스(GALEX) 위성.

판도라 은하단 Pandora's cluster

찬드라 X-선 관측소와 허블우주망원경   X-선과 가시광선

우주에 있는 물질의 80% 정도는 암흑물질의 형태로 존재하는 것으로 추정된다. 이 물질은 중력에는 영향을 받으나, 전자기 복사와는 반응하지 않는 것으로 보인다. 암흑물질은 1930년대 머리털자리 은하단을 연구하던 프리츠 츠비키가 처음 제기했다(155페이지 참조). 그의 제안은 대체로 무시되었으나, 1980년대에 암흑 물질의 존재를 지지하는 새로운 증거가 제기되었고, 현재는 우주의 구성과 우주의 진화를 이해하는데 중요한 부분으로 자리잡게 되었다.

오른쪽 사진은 아벨 2744로도 알려져 있는 판도라 은하단의 합성사진이다. 사진에 보이는 은하들은 허블우주망원경으로 촬영된 가시광선 사진이다. 이 사진 위에 찬드라 X-선 관측소에서 촬영한 X-선 영상을 붉은색으로 겹쳐 놓았다. 푸른색은 은하단 내 은하들의 운동에 근거하여 보이지 않는 암흑 물질의 분포를 계산해낸 것이다.

판도라 은하단을 상세히 연구해보면 은하들의 질량이 성단 전체 질량의 5% 미만이라는 것을 알 수 있다. 질량의 20% 정도는 은하들 사이의 뜨거운 가스 형태로 존재한다. 이 가스는 너무 뜨거워서 오로지 X-선 파장만 방출한다. 이 특별한 성단의 질량의 약 75%는 보이지 않는 암흑물질에서 기인한다. 암흑물질은 은하와 은하단을 연구할 때 그 중력 효과로 인해 분명히 존재하긴 하지만, 우리가 여전히 이해하지 못하는 물질의 한 형태이다.

스테판 5중주 Stephan's Quintet

허블우주망원경 가시광선과 X-선

1877년 마르세유 천문대에서 에드워드 스테판^{Edouard Stephan}에 의해 발견된 스테판 5중주는 처음으로 발견된 밀집된 은하군이다. 5개의 은하들 중에서 하나는 단지 시각적으로 같은 방향으로 정렬되어 있지만, 다른 네 개는 실제로 물리적 연관성을 갖고 있다. 이들은 아마도 은하합병으로 끝나게 우주 댄스^{cosmic dance}에 참여하고 있다. 그러므로 어떤 점에서는 137페이지에 보인 안테나 은하의 초기 버전을 보고 있는 셈이 된다.

왼쪽 사진은 가시광선 사진(하와이의 마우나케아 산 정상에 있는 3.6m 캐나다-프랑스-하와이 망원경으로 촬영)과 X-선 사진 (NASA의 찬드라 X-선 관측소에서 촬영)을 합성한 사진이다. 가시광선은 실제 색상, X-선은 푸른색으로 나타냈다. 이 사진에서 명백하게 드러나는 것 중 하나는 밝은 X-선 방출은 은하 상호작용 사이에 위치한다는 것이다. X-선 방출은 수백 만도에 이르는 뜨거운 가스에 기인한다.

스테판 5중주 연구는 우리에게 하나의 조밀한 은하 집단이 어떻게 진화하는지 입증할 수 있게 한다. 우리는 나선은하들로부터 방출되는 가시광선이 지배적인 그룹으로부터 보다 발달된 전형적인 체계로 바뀌는 것을 보고 있다. 여기서는 부유 은하단^{rich cluster of galaxies}의 중심에 위치한 타원은하들로 가시광선이 주도적으로 방출되고, 은하들 사이에 있는 가스로부터 X-선이 방출된다.

중첩된 은하들

허블우주망원경　가시광선

　사진 속 서로 중첩되어 있는 한 쌍의 은하들은 NGC 3314로 알려져 있다. 이 은하들은 합쳐지는 모습처럼 보이지만, 사실은 우연히 같은 방향으로 나란히 정렬되어 있을 뿐 물리적으로 관계가 없다.

　우리는 이런 사실을 어떻게 알까? 가장 명백한 증거는 은하가 중력적으로 상호작용하면서 병합될 때 나타나는 조석분열의 증거가 없다는 것이다. 두 번째는 은하들의 병합은 폭발적인 별 형성을 촉발하는 계기가 되는데 이 은하 쌍에는 그런 증거가 보이지 않는다. 세 번째는 각각의 은하의 적색이동을 측정하여 은하들 사이의 거리를 계산할 수 있는데, 계산 결과 NGC 3314a는 대략 12,000만 광년 떨어진 전경 은하인 반면, NGC 3314b는 그 뒤쪽으로 2,000만 광년 너머에 있는 후경 은하였다.

　또 다른 실마리는 후경 은하인 NGC 3314b를 자세히 관측하여 알 수 있다. 후경 은하 안에 있는 먼지층은 전경 은하인 NGC 3314a의 안쪽 부분보다 덜 분명해 보인다. 이는 전경 은하의 먼지층이 후경 은하에서 오는 별빛을 감소시키기 때문이다. 전경 은하를 통해 오는 별빛을 감소시키고 적색편이시킴으로써, 후경 은하의 먼지층이 대조적으로 감소하게 된다.

　이 놀라운 사진은 2002년 3월 이후에 허블우주망원경에 장착된 첨단관측카메라(ACS)로 촬영했다. ACS는 초기의 장비였던 FOC[Faint Object Camera]를 대체한 것이다.

막대나선은하, NGC 1433

허블우주망원경^{HST}과
아타카마 대형 밀리미터 간섭계 Atacama Large Millimetre Array
가시광선, 밀리미터파

　많은 나선은하들은 안쪽 부분에 막대가 있다는 것이 밝혀졌다. 사실상 나선은하의 거의 2/3가 막대를 가지고 있으며, 우리 은하도 포함된다. 막대의 존재는 별들과 은하 안의 가스의 움직임에 영향을 미치며, 은하의 핵 활동과 나선팔의 구조에도 영향을 미칠 수 있다.

　막대의 기원에 대한 이야기는 여전히 논쟁거리로 남겨져 있지만, 이들은 나선은하의 생애에 있어 일시적 현상이며 시간이 흐름에 따라 이런 막대구조가 쇠퇴하여 평범한 나선은하가 된다는 주장도 있다. 그렇지만 은하에서 흔하게 발견되기 때문에 순환하는 현상으로 여겨지기도 한다. 은하의 일생에 걸쳐 주기적으로 사라지고 재생성된다는 것이다.

　아래에 보이는 NGC 1433 은하는 우리에게 가장 가까이 있는 막대나선은하의 하나로 약 3,000만 광년 떨어진 거리에 놓여 있다. 사진은 HST로 촬영한 가시광선 자료(짧은 파장임을 보여주기 위해 파란색으로 나타냄)와 아타카마 대형 밀리미터 간섭계(ALMA)를 이용하여 얻은 밀리미터파 이미지에 색을 넣어 결합한 것이다. ALMA 사진은 가스와 먼지 그리고 형성 과정에 있는 별들의 존재를 추적해낸다. 이들은 처음으로 은하 핵 근처에 있는 나선 구조를 찾아냈으며, 이 활동적인 은하핵 깊숙한 곳에서 일어나고 있는 격렬한 별 형성으로 인한 가스와 먼지의 유출도 알아냈다. 맞은 편 사진은 허블망원경에서 촬영한 가시광선 사진으로, 막대가 명확히 드러나며, 그것을 가로지르고 있는 먼지층도 보인다.

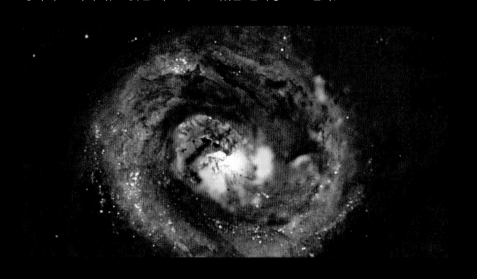

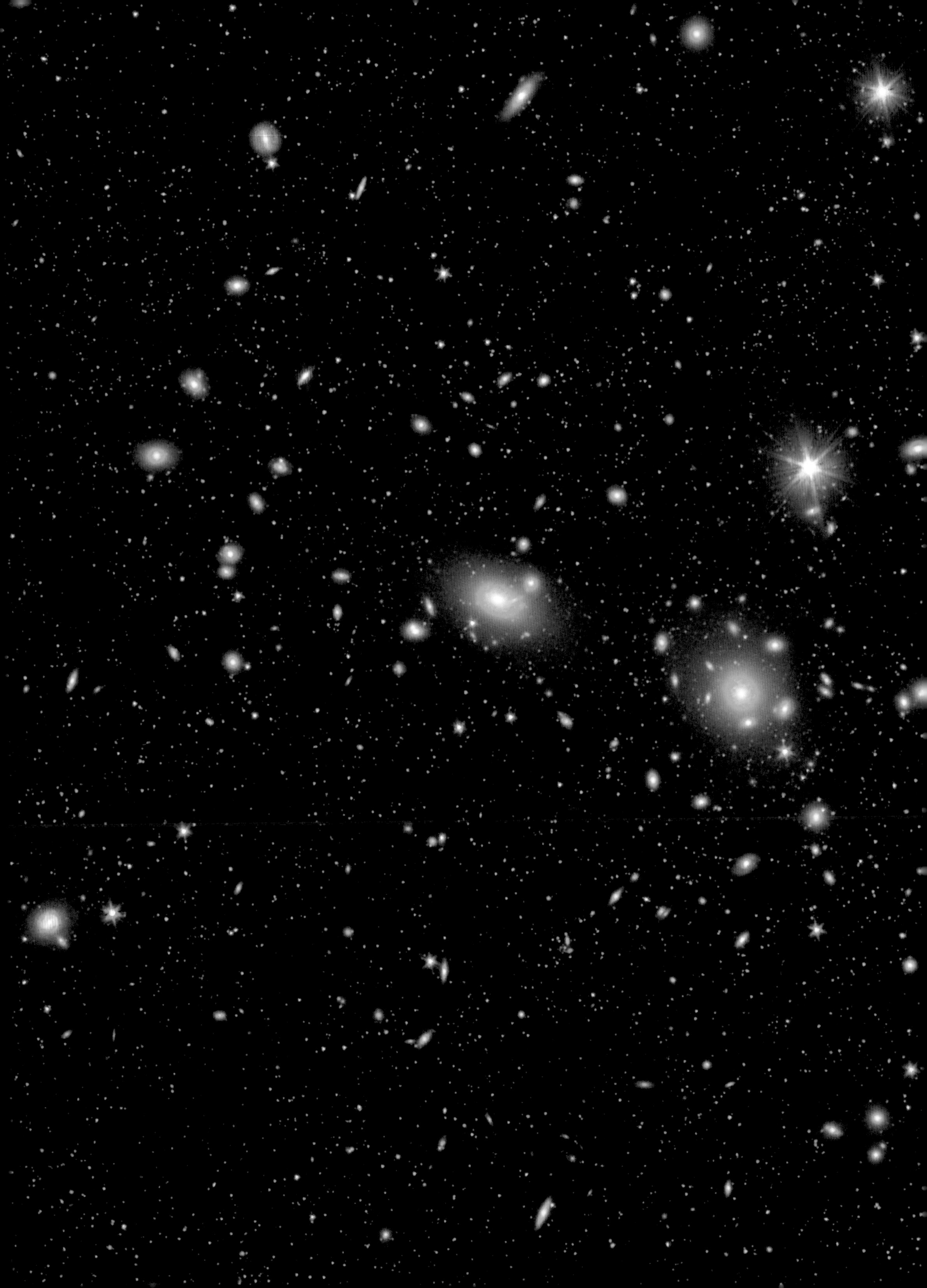

머리털자리 은하단

허블우주망원경과 슬로언 디지털 스카이 서베이^{Sloan Digital Sky Survey, SDSS}
근적외선과 가시광선

　머리털자리 은하단은 상대적으로 가까이 있는 은하단으로, 구성원은 확인된 것만 해도 1000개가 넘는다. 지구에서 약 33,000만 광년 떨어져 있으며, 사자자리 은하단과 함께 머리털자리 초은하단의 주요 구성원이다. 은하단은 20cm 구경의 망원경으로 관측할 수 있을 정도로 충분히 밝은 12개의 나선은하들을 포함하고 있어서 아마추어 천문학자들에게 인기 있는 은하단이다. 많은 풍부한 은하들의 경우와 마찬가지로 이 은하단 안의 은하들은 대부분 타원형 은하들이거나 렌즈형 은하들이며, 그 중심지역에는 두 개의 거대한 타원형 은하인 NGC 4874와 NGC 4889가 있다.

　1933년 스위스계 미국 천문학자인 프리츠 츠비키는 윌슨 산에 있는 100인치 망원경을 사용하여 머리털자리 은하단 안의 은하들의 움직임에 대해 자세히 연구했다. 은하들의 적색이동을 관찰한 결과, 은하단이 가시적으로 보이는 물질의 중력으로 붙들고 있기에는 은하들이 너무 빠르게 움직인다는 결론에 다다랐다. 대신에 은하단이 'Dunkle Materie', 다시 말해 오늘날 우리가 암흑물질이라고 부르는 것에 의해 붙들려 있음에 틀림없다고 주장했지만 암흑물질에 대한 증거가 재발견된 1980년대까지 그의 연구는 무시당했다.

　여기 보이는 사진은 허블우주망원경에서 찍은 짧은 파장의 근적외선 자료와 슬론 디지털 스카이 스베이(SDSS)로 얻어진 가시광선 자료를 합쳐서 만든 합성 사진이다. 우리가 이 사진에서 볼 수 있는 거의 모든 천체는 각각 수십억 개의 별을 포함하고 있는 은하이다.

X-선으로 본 켄타우로스자리 은하단의 중심

초대형 간섭계^{VLA}, 스피처우주망원경과 찬드라 X-선 관측소   전파, 적외선과 X-선

켄타우로스자리 은하단 (Abell 3526 이라고도 알려져 있다)의 중심에는 거대 타원은하인 NGC 4696이 놓여 있다. 여기 보이는 사진은 NGC 4696의 합성 사진으로, 거대한 뜨거운 가스운(붉은색)과 초대질량 블랙홀 주위에 밝은 하얀색 지역 양쪽 편에 지름 10,000 광년에 이르는 고에너지 거품들(푸른색)이 보이고 있다(초록색 점은 은하 가장자리에 있는 성단으로부터 방출되는 적외선이다).

켄타우로스 은하단은 수백 개의 은하들로 구성되어 있는데, 그중 많은 은하들이 칠레의 세로 톨롤로 천문대의 4m 블랑코 망원경에서 촬영된 가시광선 사진에 보이고 있다.

위 세로 톨롤로 천문대의 4m 망원경을 이용하여 가시광선으로 촬영된 켄타우로스 은하단(아벨 3526).

켄타우로스 은하단은 켄타우로스자리 방향으로 약 17,000만 광년 떨어진 거리에 위치하며, IC 4329 은하단, 히드라 은하단과 함께 바다뱀-센타우루스자리 초은하단의 한 부분이다. X-선은 은하단 안의 은하들 사이에 놓인 수백만 K에 이르는 뜨거운 가스로부터 방출되는데, 이 가스는 은하단 내부 물질$^{intracluster\ medium}$로 알려져 있다. 이 가스는 작은 구조로부터 은하단이 형성되는 동안 방출되는 중력에너지에 의해 이와 같이 매우 높은 온도에 이르게 된다.

은하단의 X-선 관측이 활용 가능해질 때까지, 이 뜨거운 은하단 내부가스의 존재는 알려지지 않았다. 우리는 한 은하단의 보통(바리온) 질량이 대부분인 약 80~85%가 가시광선으로 보이는 별들 안이 아니라 은하단 내부 가스 안에 있음을 안다. 그러나 은하단의 바리온 질량 그 자체는 단지 총질량의 작은 부분에 지나지 않는다. 측정에 따르면 은하단 질량의 약 20%는 바리온 물질의 형태로 존재하고 나머지 80%는 우리가 여전히 그 본질을 이해하려고 노력하고 있는 암흑물질의 형태로 존재하는 것으로 믿어진다.

플라잉 V, IC 2184

허블우주망원경 　적외선과 가시광선

IC 2184는 플라잉 V로도 알려져 있는데, 실제로는 뚜렷이 구분되는 두 개의 천체이다. 오른쪽 허블우주망원경의 가시광선과 적외선 사진은 상호 작용하고 있는 한 쌍의 은하를 보여주는데, 이들을 합쳐서 IC 2184라고 부른다. 우리는 두 개의 은하를 거의 측면에서 보고 있으며(왼쪽), 두 은하의 상호작용으로 형성된 조석꼬리들tidal tails이 우주공간으로 뻗쳐나간 것을 볼 수 있다. 이 조석꼬리는 가스와 먼지 그리고 별들의 흐름으로 다른 은하의 조석력에 의해 각 은하의 물질이 분열된 것이다.

IC 2184는 북쪽 하늘의 어두운 별자리인 기린자리에 위치하고 있다. 은하들은 지구에서 약 16,500만 광년 떨어진 곳에 있고, 프랑스 천문학자인 기욤 비고르당Guillaume Bigourdan이 1900년에 처음 발견했다.

관측에 따르면 두 은하들은 막대 나선은하들이고, 일반적으로 구부러진 모양을 가진 조석꼬리가 직선으로 뻗은 것처럼 보이는 것은 우리가 이 은하들을 옆에서 보고 있기 때문이다.

또한 허블 사진에서 볼 수 있는 것은 밝은 푸른색 지역이다. 최근 별 형성이 폭발하는 이곳에서는 두 개의 상호작용하는 은하들로부터 나온 가스들이 충돌하고 있으며, 격렬한 별 형성이 촉발되고 있는 곳이다. 우리는 병합 초기단계에 있는 IC 2184를 보고 있으며, 두 은하들이 합병을 계속하여 결국엔 우리가 현재 안테나 은하들(137페이지 참조)에서 보는 것과 유사한 강렬한 별 형성이 일어나는 하나의 거대한 은하가 될 것이다.

병합된 은하의 유형이 무엇이 될지는 여전히 많은 논란의 대상이다.

오른쪽 병합되고 있는 NGC 6240의 허블 사진은 은하가 합병된 이후, 극도로 불규칙한 모양이 된다는 것을 보여준다.

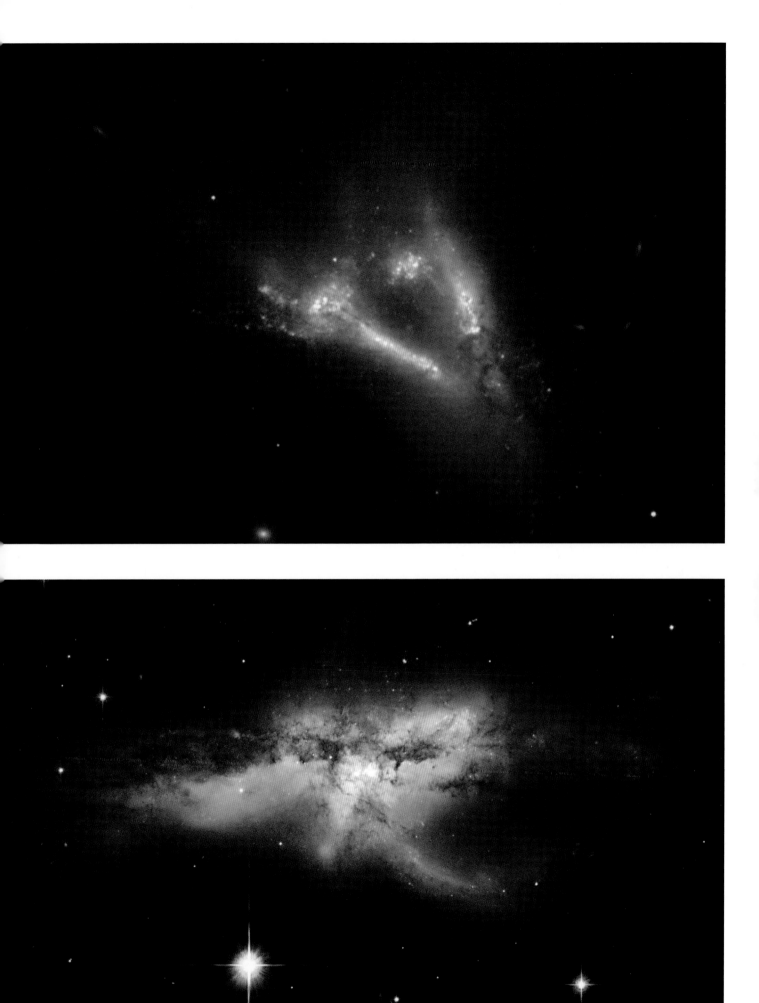

가장 멀리 있는 은하단

스피처와 허블우주망원경 그리고 찬드라 X-선 관측소
적외선, 가시광선, X-선

IDCS 1426 은하단은 지금까지 발견된 젊은 은하단 가운데 가장 무거운 은하단이다. 이 은하단은 2012년 스피처우주망원경에 의해 처음 발견되었다. 이 사진은 찬드라 X-선 관측소에서 촬영한 X-선 사진과 허블우주망원경(HST)으로 촬영된 가시광선 사진 그리고 스피처우주망원경으로 촬영한 적외선 사진을 합쳐 놓은 것이다. X-선 방출은 푸른색으로, 가시광선은 초록색, 적외선은 붉은 적외선으로 나타냈다. 아래의 사진은 HST에서 가시광선으로 촬영한 사진이다.

IDCS 1426의 발견 이후, 이 은하단까지의 거리가 적색이동을 통해 측정되었다. 허블우주망원경과 마우나케아 산 정상에 있는 켁 천문대의 10m 망원경을 사용하여 측정한 결과 IDCS 1426은 약 100억 광년이라는 믿을 수 없을 정도로 먼 거리에 있는 것으로 밝혀졌다. 이는 이 은하단의 나이가 겨우 수십 억 년 정도밖에 되지 않았다는 사실과, 그렇게 이른 시기에 발견된 은하단 가운데 가장 무거운 은하단임을 의미한다. 측정 결과 은하단 질량의 약 90%가 암흑 물질의 형태임을 시사하고 있다.

가장 밝은 X-선은 은하단 중심 가까이에서 방출되고 있었지만 중심지점은 아니었다. 이 사실은 은하단이 이미 또 다른 무거운 은하 집단과 충돌했거나 상호작용했었다는 것을 의미한다. 이것이 놀라운 일은 아니지만, 만약 이 은하단이 작은 은하단의 병합으로 발생한 것이라면, 초기 우주에 이런 무거운 구조가 형성될 수 있을 만큼 충분한 시간이 있었다고 생각된다. 우리는 그런 병합을 거친 IDCS 1426을 보고 있는 것 같다.

아래 허블우주망원경으로 본 IDCS 1426의 가시광선 사진

아벨 1689 은하단

허블우주망원경과 찬드라 X-선 관측소   적외선, 가시광선, X-선

아벨 1689 은하단은 알려진 은하단 중에서 가장 밝고 가장 거대한 질량을 갖는 은하단 중 하나다. 이 은하단은 지구에서 처녀자리 방향으로 20억 광년 조금 넘는 거리에 위치하는데, 거대한 질량이 중력렌즈(167페이지 참조)로 작용하여 그 뒤편에 놓인 은하들의 모습을 뒤틀려 보이게 한다. 이 은하단에는 160,000개가 넘는 구상성단들이 있는데, 지금까지 발견된 은하단 중에서 가장 많은 숫자이다.

왼쪽 사진은 허블우주망원경(HST)으로 촬영한 가시광선 사진과 적외선 사진을 합쳐놓은 것이다. 이 사진의 총 노출 시간은 34시간이 넘는다. 아벨 1689 은하단에 속한 은하들은 오렌지색으로 보이지만 많은 배경 은하들은 아벨 1689의 중력렌즈 효과를 받아서 붉고 푸른색으로 보인다. 이 배경 은하들 중에 어떤 것들은 모양이 굽어져 있어 눈에 띈다. 이들은 은하단의 중심을 원의 중심으로 하는 작은 원호를 형성하고 있다. 2008년에 발견되었을 때 이들 중력렌즈 상 중 하나인 A16890zD1이 가장 먼 거리에 있는 은하로 판명되었다. 이 기록은 이후 경신되었는데, 예를 들면 174페이지에서 소개한 은하 GN-z11이 있다.

아래 사진은 허블우주망원경으로 얻어진 왼쪽 사진에 찬드라 우주 관측소에서 촬영한 X-선 사진을 합쳐서 만든 것이다. X-선 방출은 뜨거운 은하단 내부 가스 때문이며 수백만 도의 온도에서 방출된다. 중력렌즈 현상으로 보이는 많은 배경 은하들을 이용하여 우리는 아벨 1689 안에 있는 암흑 물질의 양과 분포에 대해서 자세히 연구할 수 있다.

총알 은하단 Bullet Cluster

허블우주망원경과 찬드라 X-선 관측소 적외선, 가시광선, X-선

많은 과학자들이 암흑물질에 대한 최고의 증거는 총알 은하단에서 찾을 수 있다고 말한다. 오른쪽의 합성 사진은 그 증거를 보여준다. 허블망원경으로 촬영된 가시광선 사진과 찬드라 X-선 관측소에서 촬영한 X-선 사진(붉은색으로 나타냄), 그리고 배경 은하의 중력렌즈 상으로부터 알아낸 이 은하단의 질량 분포를 푸른색으로 나타낸 사진이다.

총알 은하단은 사실 두 개의 충돌하는 은하단이다. 이 충돌이 총알 은하단을 암흑 물질의 존재를 둘러싼 논쟁에 휘말리게 했다. 두 은하단들이 서로 충돌할 때 은하들 안에 있는 별들은 대체로 영향을 받지 않는다. 별들의 크기에 비해 별들 사이의 공간은 너무 넓어서 은하들과 은하단들이 충돌할 때 서로를 통과해 지나친다. 하지만 별들 사이와 은하들 사이에 있는 가스는 다르게 행동하는데, 이들은 충돌하고 충돌로 인해 가열되어 높은 온도에 이르게 된다. 이렇게 높은 온도에서는 가스가 X-선을 방출하는데 이 방출선은 붉은색으로 나타냈다. 허블우주망원경으로 본 가시광선과 찬드라로 본 X-선은 총알 은하단 안에 있는 보통 물질인 바리온 물질의 분포를 추적해 보여준다.

배경 은하들의 중력렌즈현상은 우리가 충돌하는 은하단들 내부의 질량 분포를 추적할 수 있게 해준다. 이렇게 얻어진 결과를 푸른색으로 나타냈는데, 이것은 바리온 물질의 분포로 얻어진 결과와 분명 다르다. 논쟁이 되어 왔듯이, 이러한 차이가 이 계 안에 암흑 물질이 실재한다는 강력한 증거가 된다.

아래 머스킷 볼 은하단(Musket Ball Cluster)은 두 은하들 사이의 충돌 여파로 암흑물질과 보통 물질이 분리되는 현상이 관찰된 사례다. 새로 발견된 이 계는 총알 은하단보다 더 오래되었고 느려 버스킷 볼 은하단이라는 별명을 얻었다. 은하단의 대부분은 암흑물질로 채워져 있고 푸른색으로 나타냈다. 뜨거운 가스는 붉은색으로 나타냈다. 붉은색과 푸른색이 겹쳐지는 부분은 보라색으로 보이고 있다.

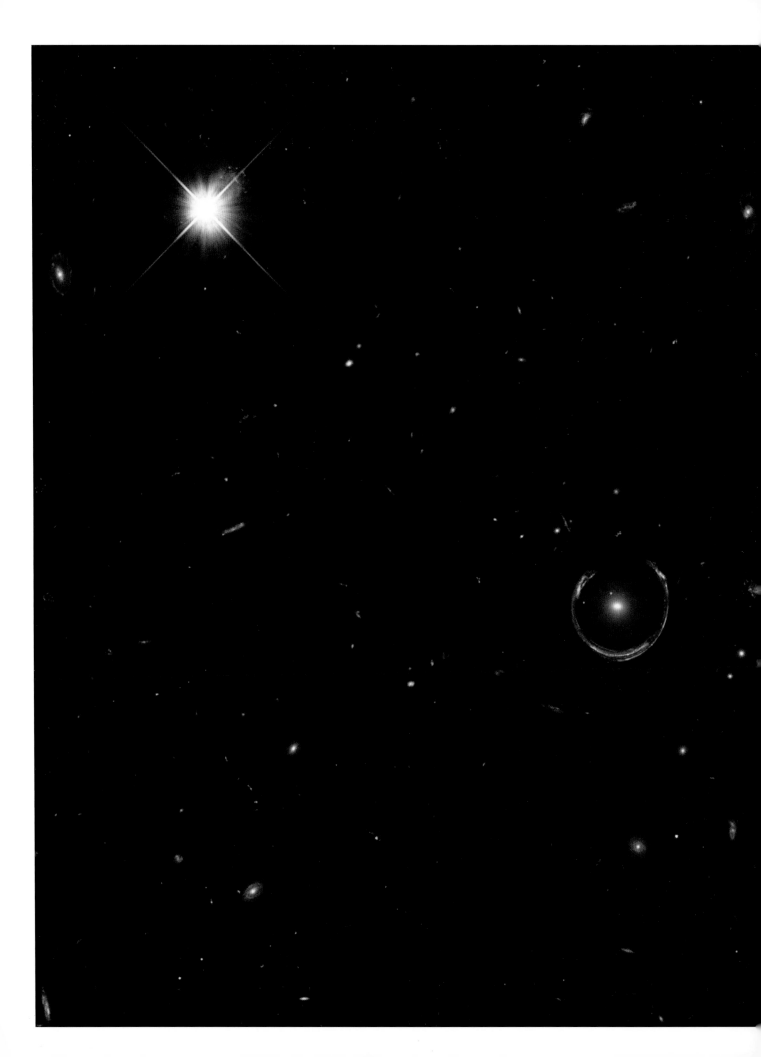

아인슈타인 고리 <small>Einstein ring</small>

허블우주망원경 적외선과 가시광선

이 놀라운 사진 속 말굽편자 모양의 천체는 사실 은하다. 앞쪽에 놓인 은하에 의해 만들어진 뒤쪽에 있는 은하의 중력렌즈 상이다. 중력렌즈 작용을 하는 천체는 말굽편자의 중앙에 위치한 아주 선명한 붉은색 은하이다. 우리 은하의 약 10배의 질량을 갖고 있으며 이 거대한 질량은 중력렌즈를 만들어내기에 최적의 조건이 된다. 그러나 '행운'도 따라야 한다. 중력렌즈 현상이 발생하기 위해서는 무거운 은하가 사진처럼 우리와 더 멀리 있는 은하 사이에 놓여 있어야 한다.

이 특별한 중력렌즈는 LRG 3-757라는 무미건조한 이름으로 알려져 있으며, 2007년에 슬로언 디지털 스카이 서베이(SDSS)로 발견했다. 허블우주망원경의 가시광선과 적외선으로 촬영된 것이다. 대부분의 중력렌즈는 두 개로 분리된 배경 은하의 상을 만들어낸다. 하지만 이와 같이 전경과 배경에 있는 은하들이 일렬로 정확하게 정렬되어 있는 특별한 경우에는, 배경 은하의 두 가지 상이 전경 은하 주위로 거의 완전한 고리 모양으로 일그러지게 된다.

중력렌즈 상으로 보이는 은하들은 아름다울 뿐만 아니라 과학적으로도 유용하다. 렌즈 작용을 하는 전경 천체의 총 중력을 측정할 수 있어서 암흑 물질에 대해 알려준다. 또 종종 확대되어 보여서, 멀리 떨어져 있고 희미해서 우리가 다른 방법으로 감지하기 어려운 은하를 볼 수 있게 해준다. 사진 속 배경 은하는 지구에서 100억 광년 너머에 있으나, 다른 방법으로 보는 것보다 더 밝게 보인다.

위 체셔 고양이(Cheshire Cat)라고 불리는 또 다른 유명한 중력렌즈 고리 사진이다. 찬드라 X-선 관측소에서 X-선으로 촬영한 것으로, 각각의 '눈'에 해당하는 은하는 각각의 은하군에서 가장 밝은 구성원들이다. 두 은하군은 모두 시속 50만 km가 넘는 속도로 마주보며 움직이고 있다. NASA의 찬드라 X-선 관측소(보라색)에서 얻어진 자료는 100만도까지 가열된 뜨거운 가스를 보여주는데, 이는 은하군들이 서로 쾅하고 충돌하고 있다는 증거이다.

제5부

우주의 가장자리에서

우리가 공간적으로 더 먼 우주를 보고 있다면, 시간적으로는 더 먼 과거를 되돌아보고 있는 것이다. 빛은 극단적으로 빨라서 1초에 30만 km의 거리를 진행하지만, 천문학에서의 거리는 방대해서 우주 안의 어떤 천체로부터 오는 빛이 우리에게 도달하는 데는 유한한 시간이 길린다. 태양계 안에서는 이 시간이 짧아서 태양에서 오는 빛은 불과 8분밖에 걸리지 않고, 토성으로부터 반사되어 오는 빛은 80분 남짓이다. 그런데 이처럼 금방 빛이 도달하는 데 걸리는 시간은 주목할 만한 것이다.

우리의 가장 가까운 이웃별인 프록시마 센타우리(Proxima Centauri)에서 방출된 빛이 우리에게 도달하는 데는 4년이 넘게 걸리고, 우리가 밤하늘에서 보고 있는 수많은 별들은 수백 년 전의 모습이다. 우리의 가장 가까운 은하인 안드로메다 은하에서 오는 빛이 지구에 도달하는데 2백만 년이 넘게 걸리는 데, 그 빛은 우리 현대 인류가 존재하기도 전에 그 은하를 떠난 빛이다. 처녀자리 은하단에서 오는 빛이 우리에게 도달하는 데는 5000만 년이 넘게 걸린다. 그리고 우리가 볼 수 있는 가장 멀리 있는 천체, 다시 말해 가시적인 우주의 가장자리에 있는 천체로부터 오는 빛이 우리 망원경에 도달하는 데는 130억년이 넘게 걸린다. 현대의 뛰어난 망원경은 우주의 나이가 10억 년도 채 되지 않았을 때의 은하들을 볼 수 있을 정도로 발전했다.

1960년대 초에 가장 인기 있었던 우주 모형은, 우주는 항상 존재했고 시간이 흘러가도 변하지 않는다는 정상상태 우주론이었다. 소수의 물리학자들이 신봉하던 경쟁 이론인 빅뱅이론은 무시 받다가 1965년에 초기우주에서 방출된 믿을 만한 복사선, 다시 말해 오늘날 우리가 초단파 우주배경복사라 부르는 복사선의 우연한 발견에 의해 위치가 뒤바뀌었다. 다른 관측 결과들, 예를 들어 퀘이사와 같은 관측 결과들도 우리 우주가 시간이 흘러감에 따라 정상상태 우주론의 예측과는 정반대로 변해왔음을 실증하고 있다. 우주배경복사에 대한 자세한 연구로 우리는 우주의 나이와 팽창률, 심지어 그 구성성분까지 측정할 수 있게 되었다.

전 하늘에 걸친 대규모 탐사결과 우리 우주는 초은하단이라 부르는 은하들이 이루는 거대한 얇은 막들과 그들 사이를 갈라놓는 거대공동이라 부르는 거대한 빈 공간들로 이루어져 있음을 알게 되었다. 2016년 2월에는 두 개의 병합되고 있는 블랙홀로부터 방출되는 중력파가 처음으로 관측되었다. 이것은 완전히 새로운 우주의 창을 열어젖힌 것으로서, 우리에게 완전히 새로운 방법으로 우주를 연구하는 방법을 제공해준다. 중력파는 어떤 종류의 전자기 복사로도 볼 수 없는 시간인 빅뱅 후 1초도 안 되는 아주 초기로 곧장 우리를 데려가서 볼 수 있게 해줄 것으로 기대된다.

맞은편 **로버트 윌슨**(왼쪽)과 **아르노 펜지아스**(Arno Penzias)가 뉴저지 주 홀름델 타운십의 크로포드 힐에 있는 혼 리플렉터 안테나(horn reflector antenna) 앞에 서 있다. 이 안테나로 이들은 마이크로파 배경복사를 탐지하여 빅뱅 이론을 뒷받침했다.

허블 딥 필드 HUBBLE DEEP FIELD

허블우주망원경 　가시광선

　1995년 12월, 허블우주망원경은 겉보기에 비어 있는 큰곰자리 안의 하늘 영역을 10일 동안 연이어 응시했다. 광각행성카메라[WFPC] 2로 하늘의 좁은 영역(2.5각분에 해당하는)을 열흘 동안 총 342 차례에 걸쳐 촬영해(참고로, 보름달의 각지름은 30각분에 해당한다) 얻어진 이미지는 현재까지 허블우주망원경으로 얻어진 이미지 중에서 가장 중요하고도 상징적인 이미지의 하나가 되었다.

　하늘의 '빈' 영역은 아무것도 없는 것이 아니라 수천 개의 은하들이 보였다. 앞의 사진 속에서 여러분이 보는 거의 모든 것들이 멀리 있는 은하들이다. 이와 같이 하늘의 작은 조각에는 극히 적은 수의 전경별만 있을 뿐 아니라 특징적인 회절 패턴(일부 광원에서 나오는 빛의 줄무늬)으로 쉽게 구별될 수 있다. 허블 딥 필드[HDF] 사진에는 약 3,000개의 은하들이 보이는데, 대부분은 매우 젊고 매우 멀리 있는 은하들이다.

　허블 딥 필드는 초기 우주에 대한 우리의 이해를 새롭게 했다. 많은 사람들이 생각하던 것보다 훨씬 더 이른 시기에 은하들이 형성되었다는 사실을 보여준다. 허블 딥 필드는 천체 물리학 연구 역사상 가장 많이 인용되는 사진 중의 하나로, 2015년 말까지 약 1000여 편의 천문학 연구 논문에 인용되었다.

　1995년 공개 이후, 허블 딥 필드[HDF]에 대한 다파장 관측이 잇따랐다. 1998년에는 2가지 중요한 후속편이 발표되었는데, 서브 밀리미터파와 라디오파 관측 결과이다. 850마이크론 서브 밀리미터 이미지(왼쪽 아래)는 제임스 클럭 맥스웰[James Clerk Maxwell] 망원경[JCMT]에 부착된 SCUBA(Submillimetre Common User Bolometer Array) 카메라로 촬영했다. JCMT는 4,200km 고도에 위치한 하와이의 마우나케아 산 정상에 설치된 서브 밀리미터의 천문학 전용 15m 망원경이다. 이곳의 건조한 공기는 해수면까지 침투하지 않는 이 방사선을 검출할 수 있게 한다.

　라디오파 이미지(왼쪽 위)는 뉴멕시코 주에 있는 초대형 간섭계[VLA]를 이용해 얻어졌다. 3.5cm 파장의 라디오파로 관측하여 허블 딥 필드 안에서 7개의 전파원을 감지했는데, 이들은 모두 원래의 가시광선 이미지에 보이는 은하들에 대응하고 있었다. SCUBA 이미지는 훨씬 해상도가 낮지만 5개의 전파원을 발견했다. 이러한 모든 서브 밀리미터 전파원은 1보다 큰 적색편이를 가진 극단적으로 멀리 있는 은하들에 대응하고 있었다. 그것은 이 스펙트럼 부분이 먼지를 감지하고 질량이 큰 별을 형성하는 지표이기 때문이다. 다시 말해 먼 은하들은 가까이 있는 은하들보다 별 형성 속도가 훨씬 빠르기 때문에 서브밀리미터 이미지를 지배하는 것은 높은 별 형성 속도를 가진 멀리 있는 은하들이 된다.

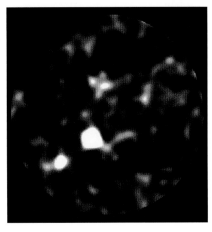

맨 위　VLA를 이용한 허블 딥 필드의 라디오파 이미지(노란색 윤곽이 보인다).

위　제임스 클라크 맥스웰 망원경의 서브밀리미터파로 본 허블 딥 필드

적외선으로 본 허블 딥 필드

스피처 적외선 망원경 적외선

매우 큰 적색편이를 갖는 멀리 있는 은하들은 몇 가지 이유로 많은 가시광선을 방출하지 않는다. 첫 번째 이유는 그들이 방출하는 가시광선이 스펙트럼의 적외선 부분으로 적색편이하고 있기 때문이다. 두 번째 이유는 초기의 은하들은 격렬한 별 형성 과정에 있어서 이를 보기 어렵게 하는 먼지들에 완전히 둘러싸여 있기 때문이다. 따라서 허블 딥 필드가 얻어진 직후에 하늘의 같은 부분에 대한 적외선 관측이 수행되었다.

1990년대 후반에 적외선 우주관측소$^{ISO, Infrared Space Observatory}$는 HDF에 보이는 13개의 은하로부터 방출되는 적외선이 가시광선으로 방출되는 양을 훨씬 넘어서고 있음을 확인했다. 이것은 격렬한 별 형성에 수반되는 강한 폭발과 관련된 방대한 양의 먼지의 존재를 시사하고 있다. 이러한 관측은 2003년에 발사된 보다 민감한 스피처^{Spitzer}우주망원경이 추적했다.

오른쪽 위의 이미지는 허블 딥 필드^{HDF}를 스피처우주망원경으로 적외선 관측한 결과이다. 허블우주망원경으로 얻어진 가시광선 이미지를 이용하여 보다 가까이 있는 은하들을 제거하면 이는 스피처 이미지(오른쪽 아래)에 보이는 회색 패치이다. 남아 있는 것은 매우 멀리 있는 밝은 적외선 은하들인데 이들 중 어떤 것들은 가시광보다 수백 배 더 많은 적외선 빛을 방출한다. 이들은 지금까지 우주의 진화에서 관측된 가장 초기 은하들의 일부이다.

아래 NASA의 허블우주망원경에 탑재된 근적외선 카메라와 다중 개체 분광계(NICMOS)가 촬영한 이 사진은 보다 깊은 우주의 초상화라 할 수 있는 허블 울트라 딥 필드(HUDF, Hubble Ultra Deep Field) 탐사의 일부이다.

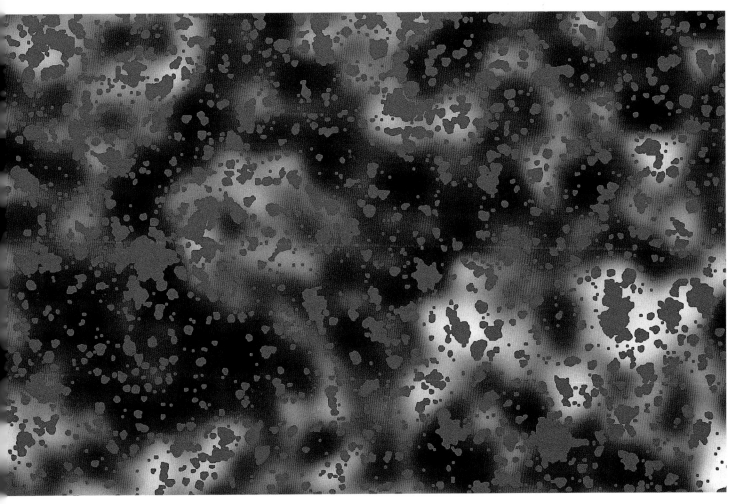

가장 멀리 있는 은하

허블우주망원경　적외선, 가시광선, 자외선

2016년 3월, 허블망원경^{HST}으로 지금까지 본 것 중 가장 먼 은하를 발견했다는 사실이 발표되었다. GN-z11이라고 명명된 이 은하는 허블우주망원경의 Wide Field Camera 3(WFC3)를 사용하여 적외선으로 촬영되었다. 그 이상한 외관은 천문학자들이 더 자세히 조사하도록 했다. 적색편이를 측정하여 그 거리를 추산했고 허블우주망원경의 WFC3에 의해서 그 스펙트럼도 얻어졌다. GN-z11은 z = 11.1의 적색편이를 갖는 것이 판명되었는데, 이것은 이 은하의 빛이 지구에 도달하는데 134억 년의 시간이 걸린다는 것을 의미한다!

우리는 우주의 나이가 단지 4억 년밖에 되지 않았을 때 존재했던 GN-z11을 보고 있는 것이다. 우주가 약 1~2 억 년이 될 때까지 최초의 별들이 형성되지 않았다고 생각되기 때문에 우리는 이보다 조금 더 지난 후에 이 은하를 보고 있는 것이다. 이 은하는 태양 질량의 약 10억 배의 질량을 갖는 것으로 추정되며 엄청난 속도로 별들을 생성하고 있는 중이다.

이 발견은 허블우주망원경을 그 한계까지 밀어붙였다. 우리가 점점 더 이른 시기를 되돌아보게 되면, 먼 은하로부터 오는 빛은 우주가 팽창함에 따라 점점 더 스펙트럼의 적외선 부분으로 편이되게 된다. 미국항공우주국은 2018년 10월에 제임스 웹 우주망원경을 쏘아 올릴 예정이다. 이 6.5m 망원경은 스펙트럼의 빨강색 가시 부분(0.6 마이크론보다 긴 파장)에서부터 27마이크론의 파장까지의 적외선 범위에서 작동한다. 우주에서 가장 멀리 있는 천체를 찾는 것이 주요 목적 중 하나이며 따라서 z = 11.1인 현재 기록은 머지않은 장래에 넘어설 수 있을 것으로 예상된다.

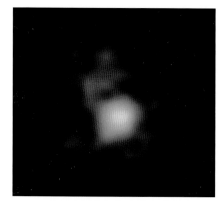

위　지금까지 발견된 가장 먼 은하 GN-z11.

아래　제임스 웹 망원경이 완성되었을 때의 모습을 그린 예술가의 상상도.

허블 익스트림 딥 필드^{HUDF}

허블우주망원경 적외선과 가시광선

미국항공우주국은 허블 딥 필드^{HDF} 은하 탐사(171페이지 참조)의 성공에 따라 3년 후인 1998년에 동일한 카메라인 와이드 필드 행성 카메라^{WFPC} 2를 사용하여 허블 딥 필드 사우스(HDSF)라고 부르는 남반구 하늘의 비슷한 이미지를 얻었다. 2002년 3월에는 WFPC2를 ACS(Advanced Camera for Surveys)로 대체했다. ACS는 WFPC2보다 높은 감도를 가지고 있어서 작은 빈 패치의 깊은 이미지를 얻을 수 있을 것으로 인식되었다.

이 새로운 이미지를 얻기 위해 허블우주망원경의 400회 궤도 주기를 사용하기로 결정한 후 2003년 9월부터 2004년 1월 사이에 ACS는 화학로자리 안 2.4 각분×2 각분 범위의 작은 사각형 패치를 촬영했다. 자외선에서 근적외선까지 ACS의 전 파장 범위가 모두 사용되었다. 이 이미지는 HUDF(Hubble Ultra-Deep Field)로 알려져 있으며, 약 130억 년 전의 약 10,000개의 은하들을 포함하고 있다.

2012년 9월, NASA는 지난 10년간 촬영된 이미지를 조합하여 HUDF의 중심 부분의 더 깊은 이미지를 발표했다. 총 노출 시간은 200만 초, 날수로는 23일이 넘는다. 허블 익스트림 딥 필드^{XDF, Hubble eXtreme Deep Field}로 불리는 이 이미지는 2.3×2 각분으로 허블 울트라 딥 필드^{HUDF}의 약 80 %를 커버하고 있다. 이것은 우리가 현재 가지고 있는 우주 공간의 가장 깊은 가시광선 시야이다. XDF는 HUDF에 볼 수 10,000개의 은하에 5,500개의 은하를 추가하고, 132 억 년을 거슬러 올라가서 은하들을 보여준다. XDF에서 볼 수 있는 가장 어두운 은하는 인간의 눈으로 볼 수 있는 밝기의 1억분의 1의 밝기이며, 발견되는 가장 작은 은하들의 대부분은 우리 은하와 같은 큰 은하로 진화하게 될 것이다.

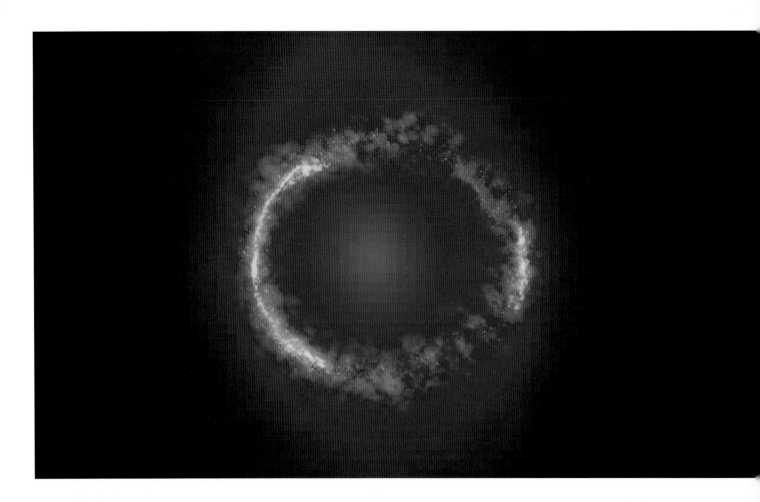

중력렌즈, SDP81

아타카마 대형 밀리파 어레이^{ALMA}와 허블우주망원경^{HST}
적외선과 가시광선

1936년에 쓰인 논문에서 아인슈타인은 전경의 물체가 중력적으로 더 멀리 있는 물체에 렌즈작용을 할 이론적인 가능성을 인정했지만, 이 같은 현상을 관찰할 가능성은 부정했다. 그러나 그는 틀렸다. 1988년에 처음으로 중력렌즈 작용으로 생긴 천체가 발견되었다. 배경에 있는 퀘이사가 전경에 있는 은하에 의해 똑같은 천체의 두 개의 상이 만들어진 것을 전파천문학자들이 발견한 것이다.

그 이후 수백 개의 유사한 중력렌즈 현상이 발견되고 있다. SDP81로 알려진 이 사진은 2010년에 허셜우주망원경 Herschel Space Observatory 으로 발견한 것이다. 유럽우주국에서 발사한 허셜우주망원경은 지금까지 발사된 적외선 위성 중 가장 크다. 왼쪽 위의 사진은 2014년 10월에 아타카마 대형 밀리미터 간섭계 Atacama Large Millimeter Array, ALMA 로 얻어진 것이다. 그 아래쪽 사진은 허블우주망원경으로 촬영된 같은 천체의 가시광선 사진이다.

SDP81 자체는 약 120억 광년 거리에 있으며, 활동적인 별 생성 은하이다. 이 은하를 렌즈 작용으로 보여주고 있는 앞쪽 은하는 이 은하보다 훨씬 가까운 거리인 약 40억 광년 거리에 있다. 중력렌즈는 중력렌즈 현상의 가장 강력한 효과의 하나인 아크(호)를 생성할 뿐 아니라 보통의 렌즈가 어두운 광원을 밝게 보이게 하는 것과 꼭 같이 배경에 있는 어두운 은하를 밝게 보이게 한다. ALMA로 얻어진 상은 원래 은하의 먼지로부터 방출된 고해상도 밀리미터 파장의 이미지이며, 그 사이에 있는 은하에 의한 렌즈효과로 얻어진 것이다.

위 ALMA 아타카마 대형 밀리미터/서브 밀리미터파 간섭계. 세계 최대의 밀리미터/서브 밀리미터파 망원경이다. 이 망원경은 해발고도 5,000m의 칠레 북부 차즈난토르(Chajnantor) 고원에 서 있다. 움직일 수 있는 지름 12m 크기의 안테나 50기로 구성되며 최대 16km 범위로 펼칠 수 있다.

초기 우주

우주배경복사 탐사선^{COBE}, 윌킨슨 마이크로파 비등방 탐사선^{WMAP}과 플랑크^{Planck} 마이크로파 복사선

1992년 4월, NASA의 우주배경복사 탐사선^{COBE}은 우리 우주 구조의 씨앗에 대한 증거를 발견했다. 우주배경복사 탐사선^{COBE}은 최초의 빛, 다시 말해 우주 마이크로 배경복사^{CMB} 속의 작은 온도 변화를 조사해 오른쪽 이미지를 생성할 수 있었다. 우주가 약 40만 살이었을 때 생성된 CMB는 이보다 이전에는 우주가 불투명했기 때문에, 우리가 볼 수 있는 가장 초기의 빛이다. 이후 우주의 팽창으로 CMB의 빛은 가시광선에서 전자기 스펙트럼의 마이크로파 쪽으로 적색편이되었다.

스펙트럼의 마이크로파 부분의 지상 관찰은 매우 어렵다. 음식 가열을 위해 전자레인지를 사용하는 것과 같은 이유로, 물은 마이크로파를 매우 효과적으로 흡수한다. 따라서 대기 중의 수증기가 우리의 시야를 방해하는 것을 피해서 우주배경복사를 연구할 우주배경복사 탐사선^{COBE}이 1989년에 발사되었다. 1990년대 초에 COBE는 CMB의 스펙트럼이 절대온도로 2.725 K에서 완전한 흑체복사를 하고 있음을 보여주었다. 중요한 점은 이것이 뜨거운 초기 우주에서 방출된 복사라는 사실이다. 사진에서 우리 은하의 평면이 가운데를 수평으로 가로지르고 있다.

오른쪽 이미지 생성에 필요한 데이터를 모으는데 COBE는 2년 이상의 관측시간이 필요했다. 이미지는 평균온도가 2.725K이고 아주 작은 온도 변화를 색깔로 표시하고 있다. 여기서 작다는 것은 약 10만분의 1K를 의미한다! 이러한 작은 변동은 초기 우주에서 밀도가 더 높거나 더 낮은 부분에 해당하며, 오늘날 우주에서 볼 수 있는 은하단이나 초은하단의 씨앗들이다.

COBE가 1992년에 CMB의 비등방성을 처음 발견한 이래, 더 자세히 연구하기 위해 2대의 위성이 발사되었다. NASA에서는 2001년에 CMB 연구의 선구자 중 한 사람인 데이브 윌킨슨의 이름을 딴 윌킨슨 비등방탐사선, 즉 WMAP(Wilkinson Microwave Anisotropy Probe)을, ESA에서는 2009년에 CMB 연구를 위해 설계된 최초의 유럽 위성인 플랑크^{Planck}를 발사했다.

WMAP(가운데)과 플랑크(아래)는 모두 CMB 안의 비등방성에 대한 놀라울 정도로 상세한 이미지를 제공했다. 이 이미지 연구를 통해 우주론 연구 학자들은 우주의 가장 중요한 매개 변수들, 다시 말해 우주의 나이, 팽창률, 우주의 기하학적 구조, 우주의 조성과 같은 변수들을 정확하게 결정할 수 있게 되었다. 지난 25년 동안 CMB를 연구함으로써 우주에 대한 정확한 세부 사항을 결정할 수 있는 '정밀 우주론'의 시대로 나아가고 있다.

시간의 주름

레이저 간섭계 중력파 관측소^{LIGO}와 진화형 레이저 간섭계 우주 안테나^{eLISA} 중력파

아인슈타인의 중력파 예측 100주년이 되는 2016년 2월에 과학자들은 최초로 중력파를 검출했다고 발표했다. 알베르트 아인슈타인은 혁명적인 새로운 중력이론인 일반상대성 이론에서, 질량이 가속되면 공간의 구조에 파문을 일으킨다고 주장했다. 이러한 파문은 빛의 속도로 확산되어, 임의의 주어진 위치에서 파동이 지나갈 때 팽창과 수축을 일으킬 것으로 예측되었다.

1960년대부터 과학자들은 이러한 중력파의 증거를 찾아왔다. 우주의 왜곡은 정말로 작은 것으로 예측되었고, 이를 감지하기 위해서는 믿을 수 없을 정도로 정밀한 관측 장비가 필요하다는 과제가 남아 있었다. 수십 년에 걸친 계획 수립과 자금 조성을 거쳐 1990년대 중반에 레이저 간섭계 중력파 관측소^{LIGO}의 건설이 시작되었다. 2002년에 완성된 LIGO는 두 대의 중력파 검출기로 구성되는데, 모두 미국 본토에 있다. 하나는 워싱턴 주에 있고, 다른 하나는 루이지애나 주에 있다. 각 관측소는 길이가 4km이며 서로 직각을 이루는 2개의 팔로 구성된다. 레이저에서 방출된 빛이 둘로 나뉘어져 각각의 팔을 따라 진행된다. 빛은 각 팔의 끝 지점에서 반사되어 원점으로 되돌아온다. 각 팔의 상대적인 길이 변화는 빛이 다시 결합될 때의 빛의 간섭 패턴의 변화에 의해 검출될 수 있다.

이 장치는 매우 민감하여, 각 팔의 길이의 상대적인 변화를 하나의 원자핵 크기의 1000분의 1 이하로 검출할 수 있다. 어떤 작은 국부적인 변화, 이를테면 인근 도로를 통과하는 차량에 의해서도 변화를 일으킬 정도이다. 이것이 3,000km 이상 떨어진 두 곳에 별도의 검출기를 설치한 이유이다. 빛의 속도로 이동하는 실제 중력파는 파동의 진행방향에 따라 서로 다른 시각에 최대 10밀리초 내에서 2개의 검출기를 트리거한다. 첫 번째 중력파 검출 소식은 2016년 2월에 발표되었다. LIGO는 2015년 9월 14일에 중력파의 통과를 감지했는데, 분석결과 지구에서 약 13억 광년 떨어진 거리에 있는 두 개의 블랙홀의 합병에 의한 것이었다.

중력파를 검출하는 것은 전적으로 우주를 관측하는 새로운 방법을 제시한다. 우리가 볼 수 있는 가장 초기의 빛은 우주 마이크로파 배경복사(CMB)에 의한 것이며, 이보다 이전의 우주는 모든 종류의 전자기파에 대해 불투명했다. CMB는 우주의 나이가 약 40만 년이었던 시대로부터 기원하고 있다. CMB의 상세한 온도 변화와 CMB의 분극화 등 CMB의 세부 사항에 대한 영향으로 현재까지 우주에 대해 추측할 수 있지만, 어떤 종류의 전자기복사를 이용하더라도 이보다 더

뒷면 안드로메다 은하의 가장 선명한 영상. 지금까지 공개된 허블망원경 사진 중에서 가장 큰 사진으로, 은하 원반의 한 부분에 4만 광년 범위로 펼쳐져 있는 1억 개가 넘는 별들과 수천 개의 성단들이 보이고 있다.

이른 시기의 우주를 직접적으로 관측할 수 있는 방법은 없다.

반면 중력파는 빅뱅 후 1초도 안 되는 아주 이른 시간부터 우리를 향해 여행을 시작할 수 있다. 이들은 전자기파에 영향을 미치는 불투명성에 방해받지 않기 때문에 이론적으로 창조 바로 직후의 우주로 돌아가서 관찰할 수 있다. 도전해야 할 문제는 원래의 중력파에 의한 우주의 왜곡이 얼마나 믿을 수 없을 정도로 작은가이다. 그것을 찾으려면, LIGO보다 수천 배 더 높은 감도를 갖는 관측소가 필요하다.

유럽우주국[ESA]에서 제안한 해결책은 진화형 레이저 간섭계 우주 안테나[eLISA] 건설이었다. 이 야심찬 프로젝트는 3대의 우주선을 우주로 내보내 정삼각형 모양의 별자리를 형성하는 것이다. 한 팔의 길이는 100만 km이고, 배열은 지구와 같은 궤도 안에서 태양 주위를 비행하면서 각 우주선 사이의 거리를 정확하게 모니터링하여 통과하는 중력파를 감지한다. ESA는 2015년 12월 [LISA Pathfinder 미션]을 시작했는데, 이 프로젝트의 목적은 중력파를 찾는 것이 아니라 eLISA에 필요한 신기술의 일부를 시험하는 것이다. 2034년으로 제안된 eLISA 발사계획은 아직도 몇십 년 후의 일이지만, 실행되면 400년도 더 전에 망원경의 등장이 가져다준 혁명처럼 우주를 연구하는 우리의 능력에 놀라운 진전을 이루는 결실을 맺게 될 것이다.

강렬한 X 선 영역(금색)의 중심부에 위치한 PSR B150958 같은 펄서는 빠르게 자전하는 중성자별로서, 중력장이 지구의 중력장보다 수십억 배 중력이 강하기 때문에, LIGO에 의한 검출의 주요 대상이 된다.

용어 설명

절대 영도(Absolute zero) 이론적으로 가능한 가장 차가운 온도이다. 온도는 원자의 운동을 측정하는 것이며, 절대 0도(0 켈빈)에서 모든 원자의 운동은 멈춘다. 실제로는 이런 일은 가능하지 않으며, 실험실에서는 절대 0도에 수백만 분의 1도 범위 이내까지 도달하고 있다.

흡수 스펙트럼(Absorption spectrum) 일련의 어두운 선이 있는 연속 스펙트럼이다. 어두운 선은 우리와 연속 스펙트럼을 방출하는 발광체 사이에 있는 가스에 의해 생성된다. 이 가스들은 특정한 파장의 빛을 흡수한다. 예를 들어, 태양 대기 중의 가스는 흡수 스펙트럼을 생성하는데, 태양의 스펙트럼에서 어두운 선을 확인함으로써 태양 대기 중의 가스의 온도와 압력을 추론할 수 있다. 헬륨 원소는 지구에서 검출되기 전에 태양의 흡수 스펙트럼에서 먼저 발견되어, 그리스 신화의 태양신 헬리오스 이름을 따서 지어졌다. 스펙트럼에서 흡수선의 파장을 측정하면 어두운 선을 생성하는 물체가 우리 쪽으로 다가오는지 아니면 멀어지는지 알 수 있을 뿐 아니라, 얼마의 속도로 움직이고 있는지도 알 수 있다.

원자(Atom) 고대 그리스인들은 물질은 더 이상 나눌 수 없는 원자라고 부르는 단위로 분해될 수 있다고 믿었다. 원자의 현대적인 개념은 이와 놀랍도록 비슷하다. 원자는 양으로 대전된 양성자와 중성인 중성자로 구성된 핵을 가지고 있는데, 이 핵은 질량이 작고 음으로 대전된 전자들로 둘러싸여 있다. 전자와 양성자는 비록 부호가 반대이기는 하지만, 같은 크기의 전하를 가져서 중성인 원자는 두 가지를 모두 같은 수만큼 가져야 한다. 예를 들어, 탄소는 여섯 개의 양성자와 여섯 개의 전자를 갖는다. 가장 가벼운 원소인 수소는 하나의 양성자와 하나의 전자로 구성된다.

원자 수소(Atomic hydrogen) 우주에서 수소의 가장 흔한 형태. 1946년에 수소 원자가 전자의 바닥상태로 전이할 때 21cm 파장의 전파를 방출한다고 예측되었다. 이 예측은 1940년대 후반에 전파천문학의 탄생을 불러왔다.

소행성(Asteroid) 소행성은 크기가 수백 km에서부터 수십 m 범위에 있는 암석질 천체이다. 대부분의 소행성들은 화성과 목성 궤도 사이에 있는 벨트에 놓여있다. 1801년에 발견된 세레스(Ceres)는 최초로 발견된 소행성으로, 지름이 거의 1,000km에 이른다. 세레스는 2005년에 왜소 행성으로 재분류되었다.

오로라(Aurorae) 로마신화의 새벽의 여신을 따서 명명된 오로라는 우주에서 오는 하전된 입자에 의해 이온화된 대기 중의 기체가 방출하는 빛이다. 지구 위에는 북극광과 남극광이 있다. 오로라는 목성을 포함한 다른 행성에서도 발견되고 있다.

바리온 물질(Barionic matter) 양성자와 중성자는 모두 바리온에 속한다. 천문학자들은 우주 안에 있는 평범한 물질을, 신비에 싸여 있는 암흑물질과 구분하기 위해, '바리온 물질'이라는 용어를 사용한다.

빅뱅 이론(Big Bang theory) 1930년대에 조르주 르메트르(Georges Lemaître)가 처음 제안한 빅뱅 이론은, 시간적으로 우주는 특정한 순간에 시작되었으며, 그때 우주와 우주 안에 있는 모든 것이 생성되었다고 주장한다. 1965년에 발견된 우주배경복사는 이 이론이 널리 수용되도록 이끌었고, 현재 그 경쟁이론인 정상상태이론을 대체하도록 만들었다.

흑체(Blackbody) 흑체는 복사의 이상적인 방사체이자 흡수체를 지칭하는데, 별은 근사적으로 이에 아주 잘 들어맞는다. 모든 뜨거운 물체는 전자기 복사를 방출하는데, 흑체의 방출 스펙트럼은 전적으로 온도에 의해서 결정된다. 흑체가 방출하는 에너지와 파장(또는 색) 사이의 그래프는 부드러운 곱사등 형태의 곡선으로 그려지는데, 온도가 올라감에 따라 최대 세기가 짧은 파장 쪽으로 이동한다. 포커와 같은 금속 물체가 뜨거워지면 처음에는 적색으로, 다음에는 오렌지색으로, 그 다음에는 노란색을 거쳐서 결국에는 백색으로 빛난다. 별도 이와 유사하게 빛나는데 가장 뜨거운 별은 청백색을 띤다. 흑체의 온도는 흑체가 방출하는 스펙트럼의 최대 세기의 파장으로부터 정확하게 알 수 있다.

블랙홀(Black hole) 블랙홀은 우주에서 가장 빠른 빛조차도 탈출하지 못하게 할 만큼 강한 중력장을 가지고 있는 천체이다. 오랫동안 단순히 이론적 호기심의 대상으로 여겨졌지만, 지금은 블랙홀이 존재한다는 매우 강력한 증거가 있다. 무거운 별의 붕괴로 블랙홀이 형성될

뿐 아니라 대부분의 은하들은 그 중심에 초대질량의 블랙홀(태양 질량의 수백만 배)을 가지고 있는 것으로 보인다. 초대질량 블랙홀의 기원은 아직 수수께끼로 남아 있다.

세페이드 변광성(Cepheid variable) 세페이드 변광성은 밝기가 변하는 특정한 유형의 별로서, 이 유형의 한 전형인 케페우스 델타별에서 이름을 땄다. 20세기 초에 세페이드 변광성들의 고유밝기(절대광도)와 변광주기 사이에는 비례관계가 있다는 사실이 밝혀졌다. 다시 말해, 세페이드 변광성은 밝으면 밝을수록 밝기가 더 천천히 변한다는 것이다. 가장 유명한 세페이드 변광성은 북극성(폴라리스)이다.

전하(Charge) 전기적인 전하는 양성자나 전자와 같은 입자들이 공유하는 특성이다. 양의 전기 전하와 음의 전기 전하는 서로 끌어당기는데, 이 힘이 음전하를 가진 전자들을 양전하를 띤 핵에 붙들어두어 중성 상태의 원자를 유지하게 한다.

혜성(Comet) 혜성은 얼어붙은 천체로, 가장 적절한 묘사는 '더러운 눈덩이'이다. 혜성들의 주요 근원지는 두 곳으로 생각되고 있다. 공전 주기가 짧은 혜성들은 명왕성 궤도 바로 너머에 있는 카이퍼(Kuiper)벨트로부터 온다고 생각된다. 공전 주기가 긴 혜성들은 오르트 운(Oort Cloud)으로부터 온다고 생각되는데, 오르트 운은 카이퍼벨트보다 수천 배 더 먼 곳에서 물질들이 태양계를 둥그렇게 둘러싼 형태로 분포되어 있다.

별자리(Constellation) 하늘의 별들이 서로 가까이 보여서 우리가 인식할 수 있는 어떤 패턴을 만드는 별들의 집합이다. 별자리를 이루는 별들은 서로 간에 물리적으로 연결되어 있지 않고 수천 광년 떨어져 있을 수도 있다. 비록 고대의 성도 제작자들은 그들 자신의 별자리를 만들기 위해 선택했지만, 1930년 국제천문연맹(IAU)은 공식목록으로 사용하기 위해 88개 별자리를 채택했다. 가장 큰 별자리는 히드라, 즉 바다뱀자리이고, 가장 작은 별자리는 남십자자리이다. 비록 별자리는 인간의 일생이라는 시간척도에서는 변하지 않지만, 별들은 천천히 움직이고 있어서 시간이 지남에 따라 눈에 익숙하던 패턴도 사라지게 될 것이다.

코로나(Corona) 태양의 엷은 바깥 대기로, 일반적으로 개기일식이 일어나는 동안에만 볼 수 있다. 온도가 매우 높아서 주로 X-선을 방출한다. 어떻게 이렇게 높은 온도를 갖게 되었는지는 아직은 미스터리이다.

우주 초단파배경복사(Cosmic microwave background) 1960년대에 발견된 우주 초단파배경복사(CMB)는 우주가 충분히 식어서 물질과 복사가 서로 분리되었던 때로부터 기원한다. 이 복사가 방출된 이후, 우주는 약 1천배나 팽창하여, 이 가시광선 파장의 복사를 초단파 스펙트럼 영역으로 늘어놓았다. 우주 초단파배경복사는 빅뱅이론에 대한 가장 강력한 증거의 하나를 제공한다.

크레이터(Crater) 행성이나 달 표면에 물체가 충돌하여 형성되었다. 크레이터들의 개수는 때때로 행성이나 달 표면의 나이를 알아내는 지표로 사용될 수 있다. 크레이터가 없다는 것은 행성이나 달 표면이 지질학적으로 활동하고 있음을 시사한다.

얼음화산(Cryovolcano) 이것은 분출 물질이 용융된 암석이 아니라 물, 암모니아 또는 메탄과 같은 휘발성 물질인 화산이다. 얼음화산은 태양계의 여러 천체에서 발견되는데, 대표적으로 해왕성의 달인 트리톤(Triton)과 토성의 달인 엔켈라두스를 들 수 있다.

암흑물질(Dark matter) 지난 50년 동안 천문학자들은 우주의 물질은 대부분 일반적인 원자와 분자로 구성된 것이 아니라 소위 암흑물질이라 부르는 이국적인 물질로 이루어졌음을 깨닫게 되었다. 사실상 우주 안에 있는 물질의 80% 이상이 암흑물질로 이루어져 있는데, 이들은 '보통'(혹은 바리온) 물질과 거의 유일하게 중력을 통해서만 상호작용한다.

암흑 성운(Dark nebula) 이것은 성운의 밀도가 높아서 그 뒤쪽에서 오는 빛을 차단하여, 빛으로 둘러싸인 암흑 영역처럼 드러나는 성운이다. 가장 잘 알려진 암흑성운은 오리온자리에 있는 말머리 성운이다.

도플러 효과(Doppler effect) 도플러 효과는 구급차가 지나갈 때 들리는 사이렌의 음조 변화로 가장 친숙하다. 접근하는 음원으로부터 방출되는 음파는 압축되게 되어, 결과적으로 정지된 음원으로부터 방출되는 소리보다 더 높은 음조를 갖는 것처럼 들린다. 반대로 멀어지는 음원으로부터 방출되는 음파는 늘어나게 되어 훨씬 낮은 음조를 갖는 것처럼 들린다. 음원과 청취자 간의 상대속도가 클수록 이 이동은 더욱 커진다. 같은 효과가 빛에도 적용된다. 빛의 이완은 멀어지는 광원으로부터 방출된 빛은 적색을 띠게(적색편이라 부름) 하고, 접근하는 광원으로부터 나오는 빛은 스펙트럼 상에서 청색 끝 쪽으로 이동하게 한다.

먼지(Dust) 성간 먼지는 주로 탄소 또는 실리콘으로 이루어진 작은 입자들로, 별들이 그 일

생의 끝을 향하여 다가가면서 형성된다. 먼지는 별빛을 흡수하므로 가시광선 파장으로 보면 많은 지역들이 우리의 시야로부터 숨겨진다. 따라서 적외선 관측을 통해 관측을 방해하는 먼지를 관통하여, 예를 들어 활동적인 별 형성 지역들을 볼 수 있게 된다.

왜소은하(Dwarf galaxy) 왜소은하는 은하의 가장 작은 유형으로, 크기가 작고 또 표면 광도가 낮아서 때때로 찾아내기가 힘들다. 우리 은하계 주위를 돌고 있는 왜소은하들 중 몇몇은 발견된 지 불과 몇 십 년밖에 되지 않는다.

왜소 행성(Dwarf planet) 몇 개의 카이퍼벨트 천체들이 발견된 이후, 명왕성은 2005년에 왜소 행성으로 재분류되었다. 최초로 발견된 소행성인 세레스도, 2000년대에 발견된 카이퍼벨트 천체인 세드나, 에리스와 함께 왜소 행성으로 재분류되었다.

식(Eclipse) 일 년에 약 두 번, 신월(삭) 동안 달의 그림자가 지구 위에 드리워져 일식이 일어난다. 이 천체들이 정확하게 일렬로 늘어서게 되면 개기일식이 일어나는데, 그 경로에 태양 원반 전체가 달의 원반에 의해 완전히 가려지게 되면 낮이 밤으로 바뀌고 태양의 코로나가 드러난다. 일식이 일어나기 2주 전이나 2주 후의 보름에는 달이 지구의 그림자 속으로 들어가게 되는데 이것을 월식이라고 부른다.

전자기 복사(Electromagnetic radiation) 가시광선은 초고 에너지 감마선과 X-선으로부터 자외선을 지나고, 가시광선을 지나서 적외선, 초단파 그리고 전파에 이르는 스펙트럼의 단지 한 부분에 지나지 않는다. 이러한 모든 형태의 전자기 복사는 서로 직각을 이루는 전기와 자기 성분으로 구성되며, 빛의 속도로 이동한다.

전자(Electron) 전자는 단위 음의 전기 전하를 갖는, 질량이 작은 입자(양성자 질량의 1,000분의 1 미만)이다. 전자는 양성자나 중성자와 달리 쿼크(quarks)로 구성되지 않으며, 더 작은 부분으로 분해되지도 않아서 진정으로 '근본적인' 입자인 것처럼 보인다.

방출 성운(Emission nebula) 스펙트럼 속에 일련의 밝고 좁은 선들이 보이는 성운의 한 유형이다. 이 선들은 성운의 성분을 확인하는 데 사용될 수 있다. 가장 잘 알려진 방출 성운의 예는 오리온 성운(Messier 42)이다.

에너지(Energy) 에너지보존법칙(또는 열역학 제1법칙으로 알려진)은 모든 물리학 법칙 중에서 가장 근본적인 법칙의 하나이다. 이 법칙은 에너지는 생성되거나 파괴되지 않으며, 단지 한 형태에서 다른 형태로 변환될 수만 있다고 규정한다. 유명한 방정식 $E=mc^2$는 질량은 에너지로 변환될 수 있다고 말하거나, 질량은 에너지의 다른 형태라고 말한다. 별의 중심에서 일어나는 핵반응은 질량을 복사와 열에너지로 전환시킨다.

적도(Equator) 적도는 양쪽 극으로부터 같은 거리에 있도록 구 위에 그려지는 가상의 원이다. 우리는 지구의 적도에 비교적 친숙한데, 이 선을 하늘에 투영시켜 하늘의 적도를 정의한다. 적도는 우리의 좌표계에 대한 판단 기준으로 유용하지만, 하늘에서 적도의 위치는 특별한 물리적인 의미가 없다.

가색상, 의사색상(False color) 빨강, 초록 그리고 파랑색 필터를 통해 찍은 이미지를 하나로 합치면 자연 색상의 이미지가 얻어진다. 그러나 우리는 때때로 다른 색상을, 이를 테면 전파나 적외선 또는 X-선에 할당하여 이런 다른 성분으로부터 방출되는 빛을 분명히 보여주는데 이용하기도 한다. 이런 이미지를 가색상 이미지라고 하는데, 이때 사용된 색상들은 단지 다른 구성 요소를 나타내거나 강조하기 위해 사용된 것이다.

주파수(Frequency) 파동이 초당 얼마나 자주 진동하는가를 나타낸다. 빛은 파동으로 전파되는데, 그 파장이나 주파수로 명시할 수 있다. 파동의 속도는 주파수에 파장을 곱한 값과 같으므로, 파장과 주파수는 서로 반비례 관계에 있다. 주파수가 높으면 파장이 짧고, 주파수가 낮으면 파장이 길다는 것을 의미한다.

은하 헤일로(Galactic halo) 이 용어는 은하를 둘러싸고 있는 구를 지칭하는데, 별들로 이루어진 가시적인 구성요소가 훨씬 너머로 확장된다. 나선은하 속의 별들의 움직임에 관한 연구는 은하 질량의 대부분이 은하 헤일로에 있음을 암시한다. 그러나 이 질량의 대부분은 바리온 물질의 형태로 존재하기보다는 암흑물질의 형태로 존재한다.

은하(Galaxy) "우유(milk)"를 뜻하는 그리스어로부터 은하(galaxy)라는 용어가 은하수(Milky Way)에 처음 적용되었는데, 그것은 하늘을 가로 지르는 별빛으로 이루어진 밝은 띠처럼 보였다. 우리 은하계가 수십억 개 은하 중 하나에 불과하다는 것을 분명해지면서, 이 용어는 독립된 체계로 존재하는, 별들과 다른 물질들로 이루어진 거대한 무리를 지칭하는데 쓰인다. 은하의 두 가지 주요 부류는 타원형과 나선형이다. 타원형은 별들로 전환될 수 있는 가스

가 상대적으로 적어서 오래된 별들로 이루어진 크고 둥근 형태를 하고 있다. 이와 대조적으로, 나선형은 중심에 있는 오래된 벌지를 둘러싸고 있는 원반이 특징인 은하로, 원반에는 별들의 형성이 활발하게 진행 중인 나선팔들이 있다. 수 년 동안 타원형 은하가 두 개의 나선의 충돌로 형성되었다고 믿어졌지만 그 과정은 그보다 더 복잡해 보인다. 두드러진 벌지를 가진 렌즈형 은하는 이 두 가지 주요 유형 사이에 위치하는데, 나선은하에 비해 나선팔은 두드러지게 드러나지 않게 나타나 있지만 윈반을 가지고 있다.

감마선 전자기 스펙트럼에서 가장 에너지가 높은 부분이다. 감마선은 방사성 붕괴나 중성자별이 블랙홀로 붕괴되는 것과 같은 강렬한 과정에 의해 생성된다.

거대 기체 행성 목성, 토성, 천왕성과 해왕성은 거대 기체 행성이라 불린다. 이들은 주로 수소와 헬륨 가스로 구성되어 있다. 그 중심에는 암석질 핵이 들어 있을 수 있다.

지구 정지 궤도 위성이 지구 표면에 가까울수록 지구 주위를 도는데 걸리는 시간은 줄어든다. 국제우주정거장은 지구 표면으로부터 약 500km 높이에 있는데 지구 주위를 도는데 약 90분이 걸린다. 지구 주위를 도는데 24시간이 걸리는 위성은 지구 정지 궤도에 있다. 이 위성은 지구의 특정 장소에서 볼 때 하늘의 같은 위치에 보이게 된다. 이런 위성은 특별히 통신 위성으로 유용하다. 지구 정지 궤도의 높이는 지구 표면으로부터 약 35,000km이다.

구상성단(Globular cluster) 구상성단은 수십만 개의 별들이 모인 집단으로, 우리 은하계의 헤일로나 다른 은하의 헤일로에서 발견된다. 이들은 젊은 별들이 없고, 은하들이 형성되던 시기에 존재했던 첫 번째 천체일 것으로 믿어진다.

중력렌즈 알베르트 아인슈타인의 일반상대성이론은 빛이 중력에 의해 구부러질 것으로 예측했다. 1980년대에 처음 발견된 중력렌즈는, 전경에 있는 은하나 은하단이 배경 은하를 왜곡하고 확대할 때 발생한다. 중력렌즈를 사용하면 은하단 안의 물질 분포를 측정할 수 있어서 암흑물질의 존재에 대한 가장 강력한 증거의 하나를 제공한다.

중력파 알베르트 아인슈타인(Albert Einstein)의 일반상대성이론에 의해 예측된 중력파는 무거운 천체가 가속될 때 발생되는 공간의 왜곡이다. 중력파에 대한 최초의 직접적인 확인은 2016년 2월에 발표되었는데, 두 개의 블랙홀의 합병으로 발생한 파동이 감지된 것이다.

중력 중력은 본질적으로 기본적인 힘 가운데 가장 약하지만, 4가지 힘 중에서 천문학적인 규모에 작용하는 유일한 힘이다. 다른 힘들 중 강한핵력과 약한핵력은 오직 원자핵 내에서만 작동하고 전자기력은 양전하와 음전하가 서로 상쇄된다. 두 물체 사이에 작용하는 중력에 의한 인력은 각각의 질량에 비례하고 그들 사이의 거리의 제곱에 반비례한다. 달리 말하면 두 물체가 움직여서 그 사이의 거리가 절반으로 줄어들면 두 물체에 끌어당기는 힘은 4배 더 강해진다. 최초의 체계적인 중력 이론은 아이작 뉴턴 경이 내놓았고, 알베르트 아인슈타인의 일반상대성이론에 의해 확장되었다.

중력 도움 우주선이 속도를 올리는 것을 돕기 위해, 과학자들은 종종 중력 도움을 이용한다. 우주선의 궤도를 행성 근처로 보내면 행성의 중력은 행성의 운동량 일부를 우주선으로 전달하여 우주선의 속도를 높인다. 우주선이 발사될 때 싣고 갈 수 있는 연료의 양이 한정되어 있기 때문에, 중력 도움은 우주선을 태양계의 다른 곳으로 보내는 데 중요한 기능을 한다.

열 온도의 과학적인 정의는 일상의 것과는 상당히 다르다. 기체의 온도가 높을수록 그 기체를 구성하는 원자들은 빠르게 움직이고 있다. 이와 대조적으로, "열"은 일반적으로 존재하는 열에너지의 양을 의미하는 데 사용된다. 예를 들어, 불꽃놀이 폭죽은 벌겋게 달은 부지깽이보다 훨씬 온도가 높지만, 폭죽의 질량이 부지깽이의 질량보다 훨씬 적기 때문에 부지깽이가 더 많은 열을 갖고 있다. 이것이 폭죽보다 벌건 부지깽이를 붙잡기를 꺼리게 되는 이유이다.

HⅡ 영역 HⅡ는 한번 이온화된 수소의 천문학적 명칭이다. HⅡ 영역은 흔히 활발한 별 형성 영역과 관련이 있다. 뜨거운 젊은 별에서 방출되는 자외선은 그 주위를 둘러싸고 있는 중성 수소 가스를 이온화시킨다. 전자들이 양성자들과 다시 결합하려고 할 때 수소 원자 내의 에너지 준위로 폭포수가 되어 떨어지면서, 잘 알려진 수소-알파(H-알파)를 포함한 스펙트럼선을 생성한다.

허블상수(Hubble constant) 우주가 팽창하고 있는 비율에 사용되는 용어이다. 현재 측정된 값은 72킬로미터/초/백만파섹이다. 1990년대 후반에 현재의 허블상수 값이 우주의 나이가 현재 나이의 절반 정도였을 때보다 더 크다는 사실이 발견되었는데, 이것은 우주의 팽창이 가속되고 있음을 의미한다. 이것은 아주 놀라운 일이었는데, 그 원인이 되는 구성 요소는 '암흑에너지'로 일컬어지고 있다. 암흑에너지의 본질은 수수께끼로 남아 있다.

적외선 1800년에 윌리엄 허셜(William Herschel)이 우연히 발견한 적외선은 스펙트럼의 가시 영역과 마이크로파 영역 사이에 위치한다. 그것은 가시광선 스펙트럼 밖에서 첫 번째로 발견된 부분이었다. 우리 몸을 포함하여 모든 따뜻한 물체는 스펙트럼의 적외선 부분을 방출한다. 보다 더 긴 파장의 적외선은 종종 따뜻하거나 뜨거운 먼지 알갱이로부터 방출되는 반면, 파장이 짧은 적외선은 온도가 낮은 별로부터 방출되는데 이 복사선은 먼지에 의해서 가시광선보다 훨씬 적게 흡수된다.

성간 가스 별들 사이의 공간은 비어 있지 않으며, 가스와 먼지가 포함되어 있다. 성간 가스의 대부분은 수소이지만, 다른 원소들, 이를테면 헬륨, 산소, 질소, 탄소와 칼슘도 발견된다.

은하간 가스(Intracluster gas) 매우 뜨거운 가스들이 은하단 안에 있는 은하들 사이의 공간에서 발견된다. 매우 높은 온도로 인해, 은하간 가스는 X-선을 방출하며, 흔히 은하단 안에 있는 바리온 물질의 대부분을 차지한다.

이온화 에너지를 가진 광자는 전자들을 때려서 원자핵으로부터 멀리 떨어뜨릴 수 있는데 이럴 경우 이들은 이온화되었다고 한다. HII 영역은 수소 가스가 이온화된 지역이다. 하지만 이외에도 산소나 칼슘 그리고 철과 같은 많은 다른 이온화 된 원소들로부터 오는 복사를 관찰할 수 있다.

켈빈(Kelvin) 과학에서는 켈빈(Kelvin) 온도 척도를 사용하는데, 이 척도에서는 절대 영도(섭씨 -273)는 0K(켈빈)로 정의된다. 켈빈의 크기는 섭씨의 도와 같아서 섭씨 0도는 +273 K(켈빈)이다.

카이퍼벨트(Kuiper belt) 명왕성 궤도 바로 너머에 있는 물질의 저장소로, 단주기 혜성의 근원지이다. 1950년대에 제라드 카이퍼(Gerard Kuiper)가 처음 제안했고, 1990년대에는 천문학자들이 몇 개의 천체를 발견하기 시작했다. 오늘날 명왕성은 카이퍼벨트 천체로 받아들여지고 있으며, 2005년에는 왜소 행성으로 재분류되었다.

라그랑주점 지구-태양계에는 다섯 개의 라그랑주점이 있다. 이 이름은 이탈리아 수학자인 조셉 루이스 라그랑주에서 따왔다. 특별히 흥미가 있는 것은 L1과 L2 포인트인데, 이들은 지구와 태양을 잇는 선 위에 나란히 있다. L1은 지구보다 태양 가까이에 있고, L2는 더 멀리 있다. L1과 L2에서, 천체는 지구가 태양 주위를 도는 것과 같은 시간이 걸려서 특히 천문학 위성을 위치시키는 데 유용하다.

광년 빛이 1년 동안 진행하는 거리로 9.5 x 10^{15}m 또는 약 6조 마일에 해당한다. 태양은 8분 거리에 있다. 우리가 보는 태양은 8분 전의 태양이다. 그리고 가장 가까운 별은 4.2광년 거리에 있다. 태양은 은하수의 중심으로부터 26,000광년 거리에 있는데, 이 때 은하수 지름은 100,000광년이다. 130억 광년 떨어진 거리에 있는 천체는 빅뱅 직후에 나타났다.

국부은하군 우리 은하수가 구성원으로 있는 은하군. 또 다른 큰 구성원은 안드로메다 은하이며, 다른 많은 작은 구성원들도 포함하고 있는데, 여기에는 대·소 마젤란 은하, 메시에 33, 육분의자리 A나 NGC 185와 같은 왜소 은하들이 포함된다.

광도 광원의 광도는 빛의 방출율과 관련이 있다. 다시 말하면, 별의 광도는 겉보기 밝기보다는 고유 밝기와 관련이 있다. 하늘에서 태양의 밝기는 다른 어떤 별보다 훨씬 밝은데, 우리가 가까이 있기 때문이다. 많은 별들은 우리의 평범한 별보다 훨씬 더 밝지만, 거리 때문에 오히려 어두워 보인다.

등급 천체의 밝기에 대한 전통적인 척도이다. 그 크기는 혼동하기 쉬운데, 숫자가 낮을수록 광원은 더 밝게 보인다. 정의에 따르면, 밝은 별인 베가(Vega)는 0등급이고, 5등급의 차이는 밝기로는 100배 차이에 해당된다. 그러므로 베가는 5등급인 별보다 100배 더 밝다. 어두운 하늘에서는 맨눈으로 약 6등급까지의 별을 볼 수 있다. 이것은 겉보기 밝기이며, 절대등급 또한 자주 언급된다. 이것은 광원의 밝기를 반영한 것으로, 광원을 표준거리인 10파섹 거리에 놓았을 때의 겉보기 밝기로 정의된다.

질량 질량에 대한 두 가지 과학적 정의가 있다. 첫 번째는 가속에 저항하는 물체의 성질이다. 축구공보다 자동차를 미는 것이 더 많은 노력이 드는 것이 한 예이다. 두 번째는 중력이 끌어당기는 크기를 정의하는 물체의 성질이다. 큰 질량을 가진 물체일수록 더 큰 중력을 갖는다. 이 두 가지는 동등하다는 것이 판명되어서, 두 가지 모두 질량을 위한 똑같은 정의로 쓰일 수 있다. 흔히 범하는 오류는 질량과 무게를 혼동하는 것이다. 무게는 중력에 의해서 물체에 작용하는 힘이다. 닐 암스트롱이 달 표면에서 발을 내딛었을 때, 그 질량은 변하지 않았지만 그의 무게는 확실히 변했다.

메시에 목록 이 책의 많은 천체들은 메시에 목록에서 찾을 수 있으며, 18세기 혜성 관측자였던 찰스 메시에가 작성했다. 메시에는 혜성이 아닌 불분명한 천체들의 목록을 만들기 원했다. 그래서 그와 다른 혜성 관측자들이 혜성으로 오인하지 않게 되었다. 메시에 1은 게성운, 메시에 42는 오리온 성운, 메시에 31은 안드로메다 은하이다.

초단파(Microwaves) 초단파는 전자기 스펙트럼에서 라디오파와 적외선 사이에 위치한다. 초단파는 물에 의해 매우 효과적으로 흡수되므로, 우주배경복사를 가장 잘 관측하려면 우주로 인공위성을 내보낼 필요가 있다.

은하수 별들과 함께 많은 성운과 먼지 구름을 포함하고 있는 하늘을 가로지르는 어두운 별들의 빛나는 띠. 은하수로 알려져 있는 우리 은하계의 원반을 천구에 투영시킨 것이다.

밀리미터파 밀리미터파는 전파 스펙트럼의 짧은 쪽 끝부분, 다시 말해 마이크로파와 라디오파 사이에 위치한다. 일산화탄소와 같은 천체 물리학적으로 중요한 많은 분자들은 스펙트럼의 이 영역에서 방출된다.

분자운 분자운은 주로 분자 수소로 구성된다. 이들은 별이 형성되는 주요 지역으로, 그 중심은 별로부터 오는 복사가 잘 차단되고 있어서, 가스와 먼지가 응축하여 새로운 별을 형성할 수 있도록 차가운 환경을 제공하고 있다.

위성(Moon) 위성은 행성 주위를 공전하는 천체이다. 우리 지구는 하나의 위성을 가지고 있으며 '달'이라 불린다. 태양계에서 위성을 가지고 있지 않은 유일한 천체는 수성과 금성이다.

성운 라틴어로 '안개' 혹은 '구름'에서 왔다. 천문학에서 성운이라는 용어는 보이는 가스나 먼지와 같은 질량에 사용된다. 근처에 있는 가장 유명한 성운은 오리온 성운으로, 가스와 먼지로부터 응축하여 별들이 형성되는 지역이다. 많은 유명한 성운들은 이제 은하로 알려져 있다. 가장 대표적인 예가 안드로메다 은하인데, 이전에는 안드로메다 성운으로 알려져 있었다.

중성자별 중성자는 입자의 두 가지 유형 중 하나이다. 원자핵을 구성하는 다른 하나는 양성자이다. 이들은 거의 같은 질량을 갖는다. 그러나 전하를 띄지 않는다. 초신성 폭발의 극단적인 상태에서는 양성자와 전자는 결합하여 중성자를 형성할 수 있다. 결과적으로 죽어가는 별의 핵으로부터 밀도가 높은 중성자별이 만들어진다. 중성자별의 최대 질량은 태양 질량의 약 8배 근처로 여겨진다. 이보다 더 크기가 커지면 붕괴하여 블랙홀이 된다.

NGC 하늘에 있는 많은 천체들은 NGC 목록에 포함되어 있다. 이 약어는 '성운과 성단에 대한 새로운 일반 목록(New General Catalogue of Nebulae and Clusters of Stars)'을 뜻하며, 1888년 존 루이스 에밀 드라이어가 작성했다. 이 목록은 1864년에 윌리엄 허셜의 아들 존 허셜이 작성한 '성운과 성단에 대한 일반 목록(General Catalogue of Nebulae and Clusters of Stars)'의 업데이트 버전이다. NGC 목록에는 7,840개의 천체가 올라 있다.

핵 원자의 핵은 양으로 대전된 양성자와 중성인 중성자로 구성되며, 원자 질량의 거의 대부분을 차지한다. 별의 중심은 고온과 고압이므로, 전자들은 에너지가 넘쳐서 양으로 대전된 핵에 붙들린다. 그래서 원자핵은 핵융합을 통해서 보다 무거운 원소를 결합한다. 원자 핵 속에 있는 양성자의 수가 그 유형을 결정한다. 그래서 수소는 하나의 양성자와 2개의 헬륨, 3개의 리튬을 갖는 식이다.

파섹 거리 단위로 3.26광년과 같다. 1파섹 거리에 있는 별은 우리 지구가 태양 주위를 돌때, 우리가 반대쪽 지점에서 볼 때 1초의 시차를 보인다.

광자 전자기 복사를 매개하는 입자에게 붙여진 이름이 광자이다. 이 용어는 1920년대에 붙여졌다. 광자는 기본입자이며, 빛을 포함한 모든 전자기복사의 양자이다. 현재 모형에서 전자기복사는 파동의 형태로 전달되지만, 입자로써 작용한다.

행성 원래 그리스어로 '방황하는 별'이라는 의미에서 기원했으며, 행성의 현대적인 정의는 별 주위를 공전하는 천체이다. 우리 태양계는 여덟 개로 알려진 행성들이 있으며, 명왕성은 2005년에 소행성으로 재분류되었다. 1995년 이후, 다른 별 주위에서도 행성들이 발견되어왔다. 우리는 이것을 태양계 밖 행성(외계행성)이라 부른다. 1995년 이후, 천개 이상의 외계행성들이 발견되었다.

양성자(Proton) 세 개의 쿼크로 구성된 양으로 하전된 입자. 양성자는 원자핵을 구성하는 두 개의 성분 중 하나이며, 다른 하나는 중성자이다.

펄사 (붕괴하는 초신성 속에서 생성된) 빠르게 회전하는 중성자별은 양극 가까이에서 얇은 빔 형태로 복사를 방출하게 된다. 별이 회전함에 따라 이 빔은 등대와 같이 하늘을 훑고 지나간다. 만약에 이것이 지구를 지나가게 되면, 우리는 빠르게 깜빡이는 광원을 보게 된다. 이 펄스는 너무나 규칙적이어서 '리틀 그린맨 1호'를 뜻하는 LGM-1이라고 이름 붙였다. 이중펄사의 한 가지 예로는, 과학자들이 이 펄사로부터 오는 정보를 이용하여 일반상대성이론에 대한 엄중한 실험을 할 수 있게 했다.

퀘이사 퀘이사 혹은 준성천체의 원래 정의는 먼 거리에서 별처럼 보이는 발광체를 의미한다. 수십 년간의 관측을 통해서 퀘이사는 사실 그 중심에 막대한 양의 먼지와 가스를 소비하는 과정에 있는 극도로 무거운 블랙홀을 품고 있는 은하라는 것이 밝혀졌다. 블랙홀 중심을 향해 떨어지는 물질은 강력한 복사를 방출하는데, 이 강력한 복사원이 우주에서 가장 먼 곳에 있는 퀘이사를 우리가 볼 수 있게 만든다. 이들은 먼 과거에서 더 많이 발견되고 있어서, 모든 은하들은 과거에 퀘이사와 같은 상태를 겪었으며, 중심의 블랙홀에 먹이를 제공하던 주변 물질이 고갈되면서 '정상적인' 은하가 되어 휴식을 취하고 있는 것이라는 주장이 최근에 제기되었다.

라디오파 전자기 스펙트럼에서 가장 에너지가 낮은 복사. 첫 번째 라디오파는 1930년대에 우주에서 온 것이 발견되었다. 칼 잰스키가 은하수의 중심으로부터 오는 라디오파를 발견했을 때였다. 중성수소는 21cm 파장의 매우 낮은 에너지의 라디오파를 방출한다. 이것이 현실화된 것은 1946년이고, 1950년대부터 라디오 천문학의 붐을 불러왔다.

적색편이 도플러 효과로 인해 멀어지는 광원의 스펙트럼이 붉은 쪽으로 치우는 현상. 우주의 팽창 때문에 멀리 있는 천체는 가까이 있는 천체보다 큰 적색편이를 보인다. 적색편이는 우주의 크기와 관련이 있다. 그래서 우리가 $z=1$인 적색편이를 가진 은하를 관측할 때, 우주가 현재 나이의 약 절반이었을 때의 우주를 보고 있는 것이다. 이 글을 쓰고 있는 이 때, 가장 멀리 있는 은하는 측정된 적색편이가 $z=11.1$이다.

반사성운 이들은 푸른빛으로 보이는 성운으로 밝은 별 옆에 놓여 있어서, 먼지가 우리쪽을 향해 별빛을 산란시킨다. 푸른 빛은 붉은 빛보다 훨씬 더 산란이 잘된다. 그래서 반사성운은 통상적으로 비추는 별보다 더 푸르게 보인다.

상대성이론 알베르트 아인슈타인은 두 개의 기념비적인 이론을 발표했는데, 특수상대성이론(특수상대론)과 일반상대성이론(일반상대론)으로 알려져 있다. 1905년에 발표된 특수 상대론은 일정한 속도로 움직이는 물체를 다루는데, 물체의 속도가 빛의 속도에 가까워질 때 길이가 수축하고 시간이 늘어난다는 것을 증명했다. 유명한 방정식 $E=mc^2$은 특수상대성이론의 자연적인 결과로서 몇 달 후에 아인슈타인에 의해 개발되었다. 일반상대론은 1916년에 발표되었고, 가속되는 경우를 다룬다. 일반상대론은 가속과 중력은 동등하다고 주장하며, 중력은 질량이 공간의 구조를 휘게 함으로써 나타나는 것으로 재해석한다.

솔(Sol) 이 용어는 화성에서의 하루의 길이를 나타내는 데 사용된다. 화성은 자전축을 중심으로 24시간 39분 35초 만에 한 바퀴를 도는데, 이 주기는 지구의 하루보다 약간 더 길다. 태양계의 모든 천체들 중에서 화성의 하루 길이가 지구의 하루 길이와 가장 비슷하다. 화성은 태양으로부터 지구보다 대략 1.5배 더 먼 거리에 놓여있어서, 화성이 태양 주위를 도는데 약간 더 시간이 걸린다. 화성은 태양 주위를 도는데 687지구일이 걸린다.

태양 플레어 태양 표면에서 일어나는 폭발로써, 일반적으로 태양흑점과 관련이 있다. 특히 큰 태양 플레어는 코로나 질량 유출이라고 불리며 지구의 오로라 활동을 증가시킬 수 있다.

스펙트럼 전자기파가 프리즘을 통과하고 나면 성분파장으로 나눠지게 된다. 가장 친숙한 현상은 하늘의 무지개다. 이것은 스펙트럼이라고 알려져 있다. 각각의 다른 파장의 상대적인 세기로 빛을 방출하는 물체에 대한 막대한 정보를 부호화할 수 있다. 특별히 스펙트럼선이라고 알려진 일련의 어둡고 밝은 선들은 광원 속에 존재하는 원소들에 대한 지문과 같은 역할을 하는데, 이를 통해 천문학자들이 가장 멀리 있는 천체의 구성성분까지도 알아낼 수 있게 해준다. 아이작 뉴턴은 라틴어로 '보는 것(to see)'에서 스펙트럼이라는 용어를 만들었다. 스펙트럼은 세 종류가 있다. 연속 스펙트럼은 파장 범위에서 스펙트럼의 밝기에 간극이 없는 방출로, 뜨겁고 불투명한 고체, 액체, 기체에 의해서 생성된다. 방출 스펙트럼은 우리가 어두운 배경을 볼 때, 불연속적인 파장으로 일련의 밝은 선들의 불연속적인 파장에서 보이는 스펙트럼으로, 희박한 액체나 기체에 의해 방출된다. 방출 스펙트럼 속에 있는 선들을 인식함으로써 우리는 액체나 기체를 구성하고 있는 분자 또는 원소들을 알아낼 수 있다. 마지막으로 흡수 스펙트럼은 방출 스펙트럼을 방출하는 똑같은 희박한 액체와 기체에 의해 만들어진다. 우리는 연속 스펙트럼에 대해서 볼 때, 흡수 스펙트럼으로 본다. 만약에 우리가 다른 방향에서 본다면, 연속 스펙트럼을 내는 광원이 시선 방향에 놓여 있지 않게 되면 방출 스펙트럼을 보게 된다.

정상상태이론(Steady State theory) 현재로서는 신빙성을 잃은 빅뱅이론의 경쟁이론으로, 우주는 항상 존재해왔고 계속된 팽창에도 불구하고 물질이 계속적으로 생성됨으로써 정상상태를 유지한다고 주장한다.

항성풍(Stellar wind) 우리 태양은 태양풍이라고 불리는 하전입자의 흐름을 내보낸다. 많은 뜨거운 별들은 엄청나게 많은 양의 하전 입자를 방출하는 것으로 밝혀졌는데, 이것을 항성풍이라 부른다. 자외선과 마찬가지로 항성풍은 성간 가스를 이온화시키고, 분자운의 표면을 침식시키는 역할을 한다.

초은하단(Supercluster) 이것은 은하단들의 은하단을 지칭한다. 1950년대 베라 루빈(Vera Rubin)이 처음으로 은하단들은 스스로 더 큰 구조를 형성한다는 것을 알아냈다. 우리는 이것을 초은하단이라고 부른다.

초신성(Supernova) 1940년대에 프리츠 츠비키(Fritz Zwicky)와 월터 바데(Walter Baade)가 초신성이라는 용어를 만들었는데, 무거운 별들이 극적인 폭발로 생을 마감하는 것을 지칭한다. 우리 태양은 초신성이 되기에는 충분히 질량이 크지 않다. 초신성이 폭발할 때는 다른 어떤 별보다도 밝게 빛난다. 모은하에 있는 모든 별들을 합한 것보다도 더 밝게 빛난다. 초신성 폭발 속에서 철보다 더 무거운 모든 원소들이 형성된다. 여기서 만들어진 물질들은 우주 공간으로 흩어져 미래 세대의 별들의 재료로 쓰이게 될 것이다.

초신성 잔해 초신성 폭발이 일어난 후 남은 물질. 초신성 잔해로써 최초로 인식된 천체는 게성운이다. 우리는 오늘날 이것이 1054년에 폭발이 목격되었던 별의 잔해임을 안다. 초신성 잔해는 원래 별 속에서 만들어지거나 폭발 과정에서 만들어진 원소들에 포함된 풍부한 물질을 가지고 있다. 이 풍부한 물질은 미래 세대의 별과 행성으로 재순환된다.

표면 밝기 은하의 단위 면적당 방출되는 빛의 총량을 측정한 것이다. 높은 표면 밝기를 가진 은하들은 종종 별로 오인될 수 있다. 그리고 낮은 표면 밝기를 갖는 은하들은 하늘의 밝기에 비해 낮아서 찾기 어렵다.

망원경 갈릴레오 갈릴레이가 망원경의 발명자로 종종 잘못 알려져 있다. 실상은 네덜란드에서 발명되었고, 친구로부터 그 소식을 들은 갈릴레오는 재빨리 친구의 설명에 기초하여 망원경을 만들었다. 망원경은 두 가지 기본 유형이 있다. 굴절 망원경은 렌즈를 이용해 빛을 모으고, 반사 망원경은 거울을 사용한다. 현존하는 가장 큰 굴절 망원경은 시카고 대학 소속의 여키스 천문대(Yerkes Observatory)에 있는 40인치(1m) 굴절 망원경이다. 가장 큰 반사 망원경은 현재 10m의 반사경을 갖는데, 주로 여러 조각의 거울을 붙여 만든다. 2020년대에는 30m짜리 거울을 만들 계획으로 있다. 망원경의 빛을 모으는 능력은 매우 중요하다. 이것은 렌즈나 거울의 크기에 따라 결정된다. 확대율은 종종 상업용 망원경을 광고하는데 사용되는데, 천문학에서는 별로 중요하지 않다.

지구형 행성 이들은 태양계 안쪽 궤도에 있는 네 개의 내행성, 수성, 금성, 지구, 화성으로, 우리 태양계의 바깥 궤도에 있는 거대 가스행성과는 구성요소들이 매우 다르다.

조석 천문학에서 이 용어는 우리에게 익숙한 달에 의해 지구의 바다에서 일어나는 만조와 간조보다 더 정확한 의미를 갖는다. 크기를 가진 물체는 그 물체의 각 부분이 다른 크기의 중력을 느끼게 되어 조석력이 발생한다. 목성의 위성인 이오 표면에서의 극단적인 화산 활동은, 이오가 타원 궤도를 따라 목성 주위를 돌 때, 목성의 중력이 이오에 조석력을 발생시켰기 때문이다. 이러한 조석력은 이오를 잡아 늘리기도 하고 쥐어짜기도 하면서 위성 안에 어마어마한 양의 내부 열을 발생시킨다. 은하들이 중력 상호작용을 할 때, 은하들 안의 물질들은 조석력에 의해 파괴되기도 한다. 안테나 은하의 조석꼬리가 좋은 예이다.

자외선 이 빛은 스펙트럼의 가시광선의 푸른색 끝 너머에 있다. 적외선이 발견된 바로 이듬해인 1801년에 발견되었다. 자외선은 뜨거운 젊은 별에서 방출된다. 이러한 빛은 에너지가 충분히 높아서 중성수소를 이온화시켜 최근 별 형성 영역 주변에서 자주 볼 수 있는 HII 영역을 만들어낸다.

가시광선 우리 눈이 감지할 수 있는 전자기 스펙트럼의 작은 부분이다. 그 범위는 약 0.3미크론의 푸른빛에서부터 0.7미크론인 붉은 빛까지이다. 1950년대까지 모든 천문학은 오직 가시광선을 사용했다.

파장 파의 두 마루 사이의 거리. 빨강색 가시광선의 파장은 4.0×10^{-7}m(0.4미크론)이고, 라디오파는 수킬로미터의 파장을 가질 수 있다.

X-선 감마선 다음으로 높은 에너지를 갖는 전자기 복사. 우주에서 X-선은 극단적으로 에너지가 높은 과정에 의해 방출되는데, 예를 들면 은하단 속 은하들 사이에 있는 매우 뜨거운 가스에서 방출된다(은하단간 물질)

찾아 보기

이미지 저작권

8 NASA/JPL
10-11 INT Photometric H-Alpha Survey (IPHAS), Nick Wright (University of Hertfordshire, SAO)
12 NASA/JPL
14-15 ESO/Y. Beletski
16 Yohkoh/ISAS/Lockheed-Martin/NAOJ/ University of Tokyo/NASA
17 STEREO/ESA/NASA/SOHO
19 t. SOHO b. NASA/ISS
20-21 NASA/Johns Hopkins University Applied Physics Laboratory/Carnegie Institution of Washington
22 NASA/JPL/USGS
23 Courtesy of the NAIC - Arecibo Observatory, a facility of the NSF
24-25 NASA
26 NASA/JPL-Caltech/MSSS
27 NASA/JPL/University of Arizona
28-29 NASA/JPL/University of Arizona
30 t. NASA/JPL/Cornell b. NASA/JPL-Caltech/University of Arizona
31 NASA/JPL-Caltech/University of Arizona
32 NASA, ESA, and M. Kornmesser. Science Credit: NASA, ESA, L. Roth (Southwest Research Institute and University of Cologne, Germany), J. Saur (University of Cologne, Germany), K. Retherford (Southwest Research Institute), D. Strobel and P. Feldman (Johns Hopkins University), M. McGrath (Marshall Space Flight Center), and F. Nimmo (University of California, Santa Cruz)
33 t. NASA b. NIMS, Galileo Mission, JPL, NASA
34-35 NASA/ESA/John Clarke (University of Michigan)
36 NASA/JPL
37 NASA/Johns Hopkins University Applied Physics Laboratory/Southwest Research Institute
38 t. NASA/HST b. NASA/JPL-Caltech/SETI Institute
39 NASA/JPL-Caltech/SETI Institute
40 NASA/JPL-Caltech/Space Science Institute and NASA/Johns Hopkins University Applied Physics Laboratory/Carnegie Institution of Washington
41 ESA/NASA/JPL/University of Arizona, image processing and panorama by René Pascal
42 t. NASA/JPL-Caltech/Space Science Institute b. NASA/Johns Hopkins University Applied Physics Laboratory/Carnegie Institution of Washington
43 NASA
44-45 NASA/JPA/Caltech/SSI
46-47 NASA/JPL/SSI/Gordan Ugarkovic
48-49 b. Voyager Project, JPL/NASA t. Voyager Project, JPL/NASA
50-51 NASA/JPL/USGS
52-55 NASA/JHUAPL/SWRI
56-57 Dan Burbank/NASA/ISS
58 ESA/Rosetta/MPS for OSIRIS Team MPS/UPD/LAM/IAA/SSO/INTA/UPM/DASP/IDA
59 t. ESA/Rosetta/Philae/CIVA b. ESA/J Huart
60 t. ESA/Rosetta/Philae/CIVA b. CIVA/PHILAE/ROSETTA/ESA
61 ESA/Rosetta/NAVCAM
62 Lucent Technologies' Bell Laboratories, courtesy AIP Emilio Segre Archives
64 NASA
65 2MASS, Umass, IPAC/Caltech, NSF, NASA
66-67 NASA/JPL-Caltech/E Churchwell (University of Wisconsin), GLIMPSE team, S Carrey (SSC Caltech), MIPSGAL team

68-69 Atlas Image mosaic obtained as part of the Two Micron All Sky Survey (2MASS), a joint project of the University of Massachusetts and the Infrared Processing and Analysis Center/California Institute of Technology, funded by NASA and NSF 68 m. Reid Wiseman/NASA b. NASA/GSFC/COBE
70 ESO/J. Emerson/VISTA. Acknowledgment: Cambridge Astronomical Survey Unit
71 Akira Fujii
72-73 NASA/HST
74-75 ESO/M.-R. Cioni/VISTA Magellanic Cloud survey. Acknowledgment: Cambridge Astronomical Survey Unit
76-77 ESO/Igor Chekalin
78 NASA/JPL/Caltech
79 NASA/ESA and the Hubble Heritage Team (StScI/AURA)
80-81 ESA/Herschel/NASA/HST
81 t. NASA/HST
82-83 NASA/CXC/SAO (X-ray), Paul Scowen and Jeff Hester (Arizona State University) and the Mt. Palomar Observatories (optical), 2MASS/UMass/IPAC-Caltech/NASA/NSF (infrared), and NRAO/AUI/NSF (radio)
83 t. NASA/ESA and The Hubble Heritage Team STScI/AURA)
84 NASA/ESA/AURA/Caltech
85 NASA/JPL-Caltech/J. Stauffer (SSC/Caltech)
86 ESO
87 ESO
88 NASA/ESA Hubble Heritage Team/StSci/AURA
89 NASA/ESA/STSci
91 NASA/JPL-Caltech/2MASS
92 NASA/JPL-Caltech/ESA/CXC/STScI
93 NASA/UMass/D.Wang et al
94-95 ESO
96 AIP
98-99 NASA/HST
98 t. B Wakker (University of Wisconsin Madison) et al., NASA
100-101 NASA/JPL-Caltech/K. Gordon (University of Arizona) & GALEX Science Team
102 X-ray: NASA/CXC/University of Potsdam/L. Oskinova et al; Optical: NASA/STScI; Infrared: NASA/JPL-Caltech
103 David Malin, AAT
104-105 ESO
106-107 NASA/HST
108-109 AURA/STSci/NASA/ESA
110 AURA/STSci/NASA/ESA
111 David Malin/AAT
112-113 NASA, ESA and M Livio (STScI)
114 Subaru Telescope/NOAJ
115 Dr. Hideaki Fujiwara – Subaru Telescope, NAOJ
116 X-ray: NASA/CXC/CfA/R. Tuellmann et al.; Optical: NASA/AURA/STScI
117 Palomar Sky Survey
118 NASA
120 NASA/HST
121 Hubble data: NASA, ESA, and A. Zezas (Harvard-Smithsonian Center for Astrophysics); GALEX data: NASA, JPL-Caltech, GALEX Team, J. Huchra et al. (Harvard-Smithsonian Center for Astrophysics); Spitzer data: NASA/JPL/Caltech/Harvard-Smithsonian Center for Astrophysics
122-123 NASA/HST
124 NASA/JPL-Caltech/STScI/CXC/UofA/ESA/AURA/JHU
125 NASA/HST
126-127 Spitzer (infrared): NASA/JPL-Caltech/R. Kennicutt (University of Arizona), and the SINGS Team. Hubble (visible): NASA/Hubble

128-129 NASA/ESA and The Hubble Heritage Team (STScI/AURA)
130 NASA/JPL-Caltech/R. Kennicutt (University of Arizona/Institute of Astronomy, University of Cambridge) and the SINGS Team
131 Subaru Telescope/National Astronomical Observatory of Japan
132-133 : ESO/WFI (Optical): MPIfR/ESO/APEX/A.Weiss et al. (Submillimetre): NASA/CXC/CfA/R.Kraft et al. (X-ray)
136 ALMA (ESO/NAOJ/NRAO). Visible light image: the NASA/ESA /HST
137 Brad Whitmore (STScI), NASA/ESA
139 NASA/ESA/CXC/JPL/Caltech/STScI
140 NASA, ESA, and the Digitized Sky Survey Acknowledgment: Z. Levay (STScI) and D, De Martin (ESA/HST)
141 Chris Mihos (Case Western Reserve University)/ESO
142-143 NASA/ESA/Hubble Herritage Team (STScI)
144 t. NASA/JPL/Caltech/SSC b. Block/Mount Adam Lemmon Sky Center/University of Arizona
145 NASA/Caltech/JPL
146-147 ESA/HST/ESO
148-149 ASA, ESA, and the Hubble SM4 ERO Team
150-151 NASA, ESA, the Hubble Heritage (STScI/AURA)-ESA/Hubble Collaboration, and W. Keel (University of Alabama)
152 ALMA (ESO/NAOJ/NRAO)/NASA/ESA/F, Combes
153 NASA/HST
154-155 NASA/JPL/Caltech/GFSC/SDSS
156 X-ray: NASA/CXC/KIPAC/S,Allen et al.; Radio: NRAO/VLA/G, Taylor; Infrared: NASA/ESA/McMaster University/W,Harris
157 NOAO/AURA/NSF
159 t. ESA/HST/NASA b. ESA/HST
160-161 NASA/CXC/University of Missouri/M,Brodwin et al: Optical: NASA/STScI; Infrared: JPL/Caltech
161 b. NASA/HST
162 ESA/HST
163 NASA, ESA, E. Jullo (JPL/LAM), P. Natarajan (Yale) and J-P. Kneib (LAM)
164 X-ray: NASA/CXC/UCDavis/W.Dawson et al: Optical: NASA/STScI/UCDavis/W,Dawson et al.
165 X-ray: NASA/CXC/CfA/ M.Markevitch et al.; Lensing Map: NASA/STScI: ESO WFI: Magellan/ UNIVERSITY OFArizona/ D.Clowe et al. Optical: NASA/STScI: Magellan/U,Arizona/D.Clowe et al.
166 ESA/HST/NASA
167 X-ray: NASA/CXC/UA/J, Irwin et al: Optical: NASA/STScI
170 NASA, ESA, H. Teplitz and M, Rafelski (IPAC/Caltech), A, Koekemoer (STScI), R. Windhorst (Arizona State University), and Z. Levay (STScI)
171 t. NRAO/AUI b. ESA/SPIRE/H-ATLAS/H.L. Gomez/
172 NASA/ESA
173 NASA / JPL-Caltech/A. KASHLINSKY (GSFC)
174-175 NASA, ESA and P, Oesch (Yale University)
174 b. NASA
176-177 NASA; ESA; G. Illingworth, D. Magee, and P. Oesch, University of California, Santa Cruz; R. Bouwens, Leiden University; and the HUDF09 Team)
178 t. ALMA (NRAO/ESO/NAOJ): B. Saxton NRAO/AUI/NSF: NASA/ESA HST, T. Hunter (NRAO) b. NASA/HST
179 ESO
181 COBE Project/DMR/NASA: Planck Collaboration/ESA: WMAP Science Team/NASA
183 NASA/CXC/SAO (X-Ray); NASA/JPL-Caltech (Infrared)
184-185 NASA, ESA, J. Dalcanton (University of Washington, USA), B. F. Williams (University of Washington, USA), L. C. Johnson (University of Washington, USA), the PHAT team, and R. Gendler.

BIG QUESTIONS

천체

ⓒ 로드리 에번스, 2017

초판 1쇄 인쇄일 2017년 10월 30일
초판 1쇄 발행일 2017년 11월 10일

지은이 로드리 에번스 **옮긴이** 김충섭 김다현
펴낸이 김지영 **펴낸곳** 지브레인^Gbrain
편집 김현주
제작·관리 김동영 **마케팅** 조명구

출판등록 2001년 7월 3일 제2005-000022호
주소 04021 서울시 마포구 월드컵로7길 88 2층
전화 (02)2648-7224 **팩스** (02)2654-7696

ISBN 978-89-5979-489-8(04400)
978-89-5979-436-2(04400) SET

• 책값은 뒤표지에 있습니다.
• 잘못된 책은 교환해 드립니다.

ASTROPHOTOGRAPHY

Text © Rhodri Evans 2016
Design © Carlton Books Limited 2016
All rights reserved
This translated edition arranged with Carlton Books Ltd through Shinwon Agency Co.
Korean Edition © 2017 by Gbrain